美丽女生如此炼成

周顺艳·编著

吉林文史出版社

图书在版编目（CIP）数据

美丽女生如此炼成 / 周顺艳编著 . —长春：吉林
文史出版社，2017.5
ISBN 978-7-5472-4322-0

Ⅰ . ①美… Ⅱ . ①周… Ⅲ . ①女性—修养—通俗读物
Ⅳ . ① B825.5-49

中国版本图书馆 CIP 数据核字（2017）第 140206 号

美丽女生如此炼成
Meili Nüsheng Ruci Liancheng

编　　著：周顺艳
责任编辑：李相梅
责任校对：赵丹瑜
出版发行：吉林文史出版社（长春市人民大街 4646 号）
印　　刷：永清县晔盛亚胶印有限公司印刷
开　　本：720mm×1000mm　1/16
印　　张：12
字　　数：129 千字
标准书号：ISBN 978-7-5472-4322-0
版　　次：2017 年 10 月第 1 版
印　　次：2017 年 10 月第 1 次
定　　价：35.80 元

目 录
CONTENTS

上帝只关了门，我们还有窗

他是一个黑人的孩子，生下来就注定要被歧视，他不能享受到白人所能享受到的一切，比如，他不能到白人孩子上学的地方去读书，不能跟白人在公交车上抢座位，不能跟白人住在一个区，因为他是黑人。

黑色的皮肤决定了他要低人一等，在白人看来，黑人是劣等民族，他们代表了野蛮、落后与血腥。

孩子的父亲是个渔民，他经常在海上捕鱼，为了维持一家人的生计，父亲常年都在海上漂流，家里人都很担心，因为打鱼的生活很危险，一不小心，就会葬身鱼腹。

但是为了维持一家人的生活，父亲不得不这样。每次打鱼回来，父亲都会把这次出去听到的见闻讲给他听，父亲还给他讲凡·高的故事，安徒生的故事，有时候甚至卖了鱼，给他买回故事书来看。

在大西洋沿岸，有很多卖故事书的商贩，父亲觉得儿子一定会喜欢，所以每到那里，都会给他买回来看。

这个父亲有一个最朴素的愿望，他希望儿子能有出息，他想：黑人的出生造就了他艰难的环境，只能受到不公正的待遇，他希望自己的儿子能在艰难的环境中，通过努力改变命运，不要再像他那样，一辈子捕鱼，让人看不起，黑人不是生来就是捕鱼的，并不是只有白人才是贵族。

孩子从小受父亲的影响很大，在班里面努力学习，他想，虽然自己不能像白人孩子那样接受最好的教育，但只要自己努力，一定会取得好成绩的，不是有一句话这样说过吗——是金子放在哪里都会发光。

小男孩每天除了帮妈妈做家务外，就是关上门学习，他从小就对记者这个行业充满了兴趣，立志长大了一定要成为一名最出色的记者。

他总是时不时的想起那些名人的故事，比如凡·高和安徒生，他们的故事深深激励了他。

以前的他总以为艺术家凡·高是个百万富翁，看了书才知道，凡·高的生活并不是他想象的那么好，他是死后才成名，生前他一直很穷，穷得连妻子都娶不起，只有一张破床和一双旧皮鞋。

以前的他也以为，安徒生既然写了那么多美好的童话故事，那么他一定是出生在一个城堡里，从小生活富足，所以他笔下的公主与王子才会那么浪漫美好。

看了书才知道，安徒生只是一个鞋匠的儿子，他只是住在一个普通的楼房里，并没有什么城堡供他居住。

　　这两个名人的生活遭遇跟他如此相似。环境的困难并没有将他们打倒，他们通过自己的努力一样改变了自己的命运，由一个再平凡不过的人成为了别人口中的"大艺术家"和"故事大王"，这些事例深深激励了少年的心，他立志，自己一定要向他们学习，改变自己不能选择的种族问题。

　　后来小男孩考上了大学，并在新闻专业学习，在校期间，他认识了更多的白人同学。

　　经过相处，他并没有发现白人有什么地方比黑人要值得骄傲。白人的智力并没有先进到可与上帝相媲美，而黑人的智力也没有愚钝到像猪一样落后。为什么白人要歧视黑人？人人生而平等，本来就应该共享一切资源。男孩想："我一定要通过努力，考到记者证，以后进入媒体行业工作。这样，我就能发出我的声音，帮助更多的黑人同胞，他们个个都像白人一样聪明能干，他们应该被赋予更多的权利。"

　　有心人，天不负，经过大学四年的努力，男孩顺利获得了进入媒体行业工作的机会，他深深地热爱着这个工作，并为能获得这个工作而倍加珍惜，他知道他的梦想还没有完成，他要为黑人同胞而战。

　　经过几年来他对黑人同胞境遇的报道，黑人同胞的生活比起以前得到了很大的改善。而他也因为这些贡献而获得了"杰出记者奖"。

　　他是第一个黑人获奖者，在记者这个行业中，他开创了新的篇章。当有人问到他为什么这么成功时，他说："童年时期我们家很穷，并且我们还是黑人，父母都是社会最底层的人，他们靠

打鱼维持着这个家的基本开销，却还要送我到黑人学校上学，压力很大。很长一段时间内，我认为像我们这样社会地位低下的人是不可能有前途的，只能一辈子、两辈子都靠打鱼为生，而我，当然只能继承父亲的衣钵。

但是，父亲并不是这样想的，他觉得黑人并不低人一等，他希望通过我的努力向白人证明，黑人像白人一样优秀。父亲给我买了很多书看，看了这些名人的故事我受益匪浅。他们鼓励了我，并让我明白，黑人并不卑微，上帝并没有看轻黑人，只要你肯付出，你一样可以像白人一样生活。"

告别压力的密码

一位教授正在给学生们上课，但他发现没有一个同学在听他讲课，原因不是他讲的不好，而是因为临近毕业了，大家都在为找工作的事心烦，所以听不进去教授在讲什么。

于是，这位教授端起自己的茶杯，走到学生的课桌旁，他提高嗓音，大声问："同学们，你们猜猜我的杯子里的水有多重？"

话音刚落，有的同学回答三百克，有的回答四百克。

"是的，它只有三百克，"教授回答说，"如果让你们把它端在手里，你们能端多长时间呢？"同学们彼此笑笑，说道："不就三百克吗，我们端多久都可以，不会累。"

教授没有笑，他很严肃地跟同学们说道："同学们，你们的想法很简单，但缺少了一些东西，你们不可能一直端着这个水杯。时间长了，你们总会累垮的。

端着这个水杯一分钟，好的，没有问题；端着这个水杯一个

小时，没有问题，因为它只有三百克；端着这个水杯一天，可能还是没有太大问题，只是手很酸；但是让你端这个水杯一周呢？你还行吗？是不是就需要叫救护车了呢？

所以说，同学们，不要小看这一杯水带给你们的压力，你们以为它只是很轻地压在你们的身上，其实不然，时间长了，它会带给你们无法想象的伤害。"

说到这里，教室里响起了经久不息的掌声。

教授接着说道："同学们，我想说的还没说完，我们还是接着说这杯水，其实就这杯水的自身重量而言，它确实很轻，但是你拿得越久就会觉得越沉重。

是因为水变多了吗？不是的，是因为我们的体力被消耗了，我们的状态随着时间的推移，变得越来越差，不可能像先前那样好，所以我们觉得它越来越沉。

其实，这个道理就像同学们现在所面临的就业压力一样，我们以为只要我们不说出来是没有人能知道的，但是，事实并不是这样，就像今天的课，我看得出来，你们谁都没有认真听讲，你们的神情暴露了你们内心的真实想法。你们每个人的表情都在告诉我，你们很为未来的工作问题担心。"同学们连连点头。

教授又说道："有这样的压力，你们一定要说出来，不要自己憋在心里，时间长了，会给你的内心增加很多负担。

就业问题是一个全国性甚至是全球性的问题，你们不用太过担心，只要你有正确的择业观，你总能找到一份适合你的工作，你们不能对第一份工作期望太高，如果期望值太高，就会被摔得很重。

谁都不是一口就吃成了胖子。饭要一口一口地吃，路要一步一步地走，只要我们树立正确的择业观，我想，大家的就业不会有太多障碍，压力也将自动消失。

我认为，让你们放下压力的密码不是找到最完美的工作，而是树立起自己正确的择业观。工作不分贵贱，只要你能正确的看待，压力将消失在你的世界里。"

教室里响起了雷鸣般的掌声，同学们深深地被教授的话打动了。

他们决定从今天开始，做回大学期间快乐的自己，一个四肢发达、头脑健全的人是不可能找不到一个养活自己的工作的，他们都对未来充满了信心。

放下压力之后，他们又恢复了往日上课的激情，不但积极回答老师的问题，还踊跃地跟老师进行互动，课堂上又恢复了往日的欢声笑语。

 # 每个人的生命都有雨季

有一个年轻人，他的名字叫詹姆斯，他是一个普通的职员，在一家律师楼工作。就在最近，他发现自己老是流鼻血，到医院检查才发现，原来自己患上了白血病。

这个消息无论对詹姆斯还是对他的家人来说都是个晴天霹雳。他今年才20岁，正是人生奋斗的最好时候，而患上这样的病，他就得天天在医院接受化疗，他不愿意接受这样的事实，每天闷闷不乐。但为了他的健康，父母还是把他送进了医院，并开始住院治疗。

经过两个疗程的治疗，詹姆斯的病情有所缓解，但并不是太乐观，而且因为化疗的关系已经开始掉头发，他知道再这样下去，他一定会变成一个秃子。

他接受不了这样的事实，而院方也一直没有找到跟他匹配的骨髓来移植。如果没有可以移植的骨髓，最终他的病情还是会越

来越严重。

想到这些，詹姆斯告诉他的父母，他想出院，他不想把人生的大好时光浪费在医院里，反正最后的结果也会让人失望的。他跟他的父母说他想去旅游，他想把人生的最后时光留在美丽的地方。

父母并没有同意他的想法，母亲觉得这个想法实在是太荒诞，太绝望了，她对儿子说："我们不会眼睁睁地看着你走向坟墓，我们要竭尽所能地救你，即使只有一成的希望，我们也不会放弃的。"

詹姆斯无言以对，看向窗外。

就在这天夜里，詹姆斯在床上翻来覆去，总也睡不着，他突然冒出一个想法，那就是他要逃出医院，不需要征求任何人的批准。

这样想着，詹姆斯轻轻地打开病房的门，朝走廊里看了几眼，发现走廊里没人，于是他快速换上自己的衣服，悄悄走出了医院。

很快，詹姆斯就走出了医院的大门，走了一段路之后，他来到了广场，这里实在是太热闹了，他有三个月没有看到这么多人了，小朋友们在跳舞，喷泉喷出最优美的曲线，风筝高得直入云霄。

看到这一切真是太开心了，他想，我再也不要回到那个鬼地方去。

这时，他突然被一支歌曲的优美旋律吸引了，他往前走了几步，拨开人群挤了进去。

他发现，原来是一个盲人在演奏，很奇怪的是，这个盲人的胸前挂了一面镜子，詹姆斯怎么也想不明白，于是他走上前去，打断了盲人的演奏，问道："嗨，伙计，你怎么会挂一面镜子在你的胸前，这不是很奇怪吗？"

盲人笑笑说："是的，伙计，乐器和镜子是我的两个宝贝，我每天都会把它们带在身边。""可是，镜子对你有什么意义呢？"詹姆斯仍然不解地问。

盲人说："它对我很有意义，带着它我觉得带着希望，对于我来说，它并不是一面镜子，而是能点亮我人生希望之光的宝物。"

"我不明白你在说什么？"詹姆斯继续说道。

"小伙子，我的意思是，我相信奇迹，我相信复明的奇迹将发生在我的身上，我觉得有一天我将从这面镜子里看到我的容貌。你相信奇迹吗？只要你敢于相信，它就会发生在你身上的，年轻人。"

詹姆斯彻底被盲人的话感动了，他想，一个盲人尚且如此热爱生活，而我却如此悲观，实在是不应该。

于是，詹姆斯返回了医院，继续接受治疗。尽管每次治疗都非常痛苦，但却慢慢有了效果。一天，院方突然带来了一个好消息，说他们已经找到了和詹姆斯相匹配的骨髓，很快就能进行移植手术。这位骨髓捐赠者的家人，也曾经是骨髓捐赠的受益者。

为了报答社会，报答上帝，他们决定帮助他们能帮助到的人。

这个消息，让詹姆斯相信了奇迹，只要坚持，总会有奇迹出现的。

手术后，詹姆斯慢慢恢复了健康，同时，他也拥有了人生两样最宝贵的东西：一个是乐观的心态，一个是坚定的信念。

坚定的信念是掌管人生航向的舵手，是把握命运之帆的螺旋

桨。每个人的生命都会出现雨季，在这个时候，我们一定要坚定，也一定要坚强，因为奇迹只会眷顾信念坚定的人。很多时候，打倒我们的不是病魔，而是一颗颓废、消极的心。人的崩溃往往是因为心的崩溃。所以，我们一定要树立坚定的信念，相信奇迹一定会来到我们的身边。女孩们，千万记住，希金森说的"有必胜信念的人才能成为战场上的胜利者"。你们准备好了吗？

乐观的人最快乐

有一个女孩，她觉得生活很沉重，于是她去寺庙找到一位大师寻求解脱之道。

大师问她："姑娘，你为什么事闷闷不乐？"

姑娘回答说："大师，我觉得我的生活没有乐趣，生活也没有一点起色，并且我觉得生活已经压得我喘不过气来了。"

大师"哦"了一声，便走到寺庙里拿出一个竹篮递给她，指着前面一条石子儿铺成的路对她说："姑娘，现在你往那条石子路上走，每走一步，你就捡块石头扔进去，我到前面等你，顺便告诉我你的感觉。"

过了好一会儿，女孩终于走到了石子路的尽头，她看到大师站在前面便迈着沉重的脚步朝大师走过去。

还没等大师问，她就说："我觉得好沉啊，可捡完这一篮子的石头对我有什么帮助呢？"大师说："你别着急，待会你便会

明了。现在你拿着这个布袋，到山上去给我摘一袋水果回来。一个时辰内，你得出现在我的面前。"

听完大师的吩咐，姑娘赶紧放下竹篮，拿上布袋往山上走去。很快，姑娘就进入了森林，她看到里面有很多果树，上面结满了各种各样的新鲜水果，她不知道大师喜欢吃什么样的水果，于是她都摘了一点。

并且，她发现，这些水果她都很喜欢吃，每样都摘一点的话，即使大师不喜欢吃，自己也可以吃。

这样想着，时间已过去了一大半，她抓紧时间摘水果，不一会儿，就摘了满满一布袋的水果。她扛起布袋，拖着沉重的步子一步一步走回寺院。

大师看到女孩已回到院子，便走出来，女孩兴奋地说："大师，你要的水果，我给你摘回来了，也不知道你喜欢哪一种，我都摘了一点，摘了满满一袋呢，可累死我了。"

大师摸摸胡子，笑呵呵地问她："你觉得我让你做的这两件事，你更喜欢哪一件？""当然是摘水果了，好多水果我都很喜欢吃。"

"可是，跑到山上摘水果不是更累吗？我看你摘的这些可一点也不比这篮子石头轻啊。"

姑娘一时语塞，不知道怎么回答大师的提问。

大师接着说："每个人生下来，都会有一只空竹篮背在身上，他们每走一步就要从这个世界拿走一件东西放在竹篮内，所以会觉得越来越沉重。这些东西就好比亲情、友情、爱情、工作，当觉得很沉重，背负不了的时候，你会选择把什么丢掉？"

女孩说她什么都舍不得丢。

大师说："这就对了，既然都难以割舍，那就不要去想背负的沉重，而是想想它给我们所带来的快乐，事物都具有两面性，带给我们感动同时，也要求我们肩负义务和责任。多想想快乐的方面，我们就不会觉得有多么沉重了。"

"那一袋水果也是一样的道理，你因为喜欢吃，难以割舍，所以什么都摘了一点，最后重得扛不动，但因为喜欢，你还是坚持把它们扛回来了。这说明其实你拥有一颗乐观向上的心，你愿意为你所喜欢的东西付出你的一切，而不是在那里犹豫不决，这也说明你很果断，很乐观。如果你能把捡石子儿的道理和摘水果的精神运用到你的生活中，你将不会再觉得背负的东西太沉重，相反的，你会觉得很快乐，并且觉得很值得。因为它们都是你难以割舍的东西，对于你难以割舍的东西，你难道不应该抱着一颗乐观的心去拥有它吗"？女孩被大师的话彻底征服了，她说，从此以后，她再也不要那么消极，这会影响到她的情绪。她要开始学着享受这些"甜蜜的负担"。

乐观给人的力量，就像海上航行的水手忽然看到了灯塔；乐观给人的帮助，就像枯萎的麦田忽然逢到了雨露；乐观给人的快乐，就像突然收到许久未联系的朋友寄来的明信片。乐观让女孩学会承担，乐观让女孩学会包容，乐观让女孩忽略不美好，乐观让女孩只想快乐的事。总之，乐观，是有百利而无一害的品质，女孩拥有了它，就相当于拥有了全世界。没有什么东西，能让一个人迅速从不快乐中解脱出来，除了乐观。

 # 劣势变优势的"木盆"法则

从前有一个国王，他有两个儿子，一天他对两个王子说："我统治了这个王国一辈子，现在也该好好休息休息了，我决定把王位传给你们其中一个人。现在我要给你们一个考验，谁能通过这个考验，谁就继承我的王位。"

说完，国王走到两个王子身边，对他们亲切地笑了笑，接着说："你们两个要好好表现，这关系到我的决定，也关系到你们的未来。"

大王子急忙问道："父王，是什么样的考验，我们一定不会辜负您的期望。"

国王说："其实很简单，我要你们每人做出一只木盆，看谁做出的木盆装的水多，现在你们就到森林里去选木材，三天后我们一起看结果。"

大王子说这太容易了，二王子点头不语。

大王子平时就比二王子要机灵一些，他总占二王子的便宜，什么事都要欺负二王子，只要被大王子看到二王子拥有什么好东西，大王子必然会从二王子手中夺走。

所以，这次大王子可谓成竹在胸，因为他知道二王子是抢不过他的，不管是做木盆的大木材还是父王的王位。

兄弟二人随后就赶往森林，他们一到森林就开始挑选木材，但由于这片森林刚被砍伐过，大的树木基本没有了，兄弟二人开始发起愁来。

其实，这是国王的计谋，他在之前已命令士兵砍走了稍大的木材，目的就是要考验哥俩在没有大木材的情况下怎么做出大的木盆。

二王子在沉默了一段时间后，开始走到林子里挑选木材，而大王子则坐在那里愁眉不展，因为他的计划全被打乱了，本来他计划好，砍走最高最大的木材便可以做出最大的木盆，然而现在一切都落空了，最高最大的木材已被砍走。

他正在想他的第二个方案，可怎么也想不出来，他觉得小木材和中等的木材肯定是做不出最大的木盆的，二王子简直是在瞎折腾。

但二王子并不这么想，他认为，中等木材恰恰是最好的，他可以用中等的木材做出最宽的木盆，因为宽的木盆一样可以装很多水，并不是高的才行。

他想："哥哥的思维实在是太局限了，总认为高大的木材才可以做出高大的盆，才可以装下最多的水，其实不是这样的。"

他接着找自己需要的木材去了。

　　这时，大王子站起身来，走到二王子面前对他说："二弟，你就别瞎折腾了，现在林子里的这些树木根本不可能做出大木盆，这些树都太小了，我们还是到别的森林看看吧。"

　　二王子说："这不行，父王说我们只能到这个森林取木材，如果砍了别的林子的树木，我们就犯规了。"

　　大王子想想后，觉得二王子说得也对，既然是比赛，就要遵守赛规。他想，无论怎样，二王子都不可能斗得过他，在哪里取木材又有什么关系呢。

　　此时，他想到一个办法，他决定用细长但并不粗壮的木材来做木盆。他觉得中等的木材是不可能做出高的木盆了，现在只能依靠细高的，虽然不结实，但是盆底可以用中等的木材来做，这样就能做出又高又大的木盆了，说干就干，大王子也开始挑选木材。

　　接下来的时间，他没有去看二王子怎么做自己的木盆，因为他觉得自己的这个方案就是最佳方案。

　　三天后，两个王子带着自己做的木盆来到国王面前，国王看到，大王子的木盆是最高的，二儿子的木盆是最宽的。国王有点纳闷，为什么砍走了粗壮的大树，大儿子的木盆还能做得那么高，而小儿子的宽木盆，国王则是事先就考虑到的。

　　由于森林里的木材条件限制，做出这样大的宽木盆实在是聪明之举。国王没有接着想下去，他觉得一试便知谁的最好，而自己的疑惑也终将被解开。

　　国王说："那我们现在就开始吧。"于是，两个王子都开始往自己的木盆里盛水，大王子觉得这次自己一定是稳操胜券了，

但水才盛到一半，大王子的木盆忽然散开了，水全流了出来，比赛还没结束，大王子就输了。

此时，国王终于明白了是怎么回事，原来大王子用了不结实的小细木，结果酿成了悲剧。而二王子则接着往他的宽盆里盛水，怎么装也装不满。

最终，二王子赢得了胜利，顺利登上了国王的宝座。

很多时候，我们的胜利往往取决于那块短木板，并不是高大伟岸的东西才能帮助我们取得胜利，短小肥厚的材料有时候更是我们所需要的。所以，看一件事情，不要只看它的表象，如果我们被表象所迷惑，我们将只看到它的劣势，而看不到它的优势。我们必须有全局观念，懂得扬长避短，才能把短木板变成最优质的木板，最终为我们所用。

 # 幸福在敲门

看过一部名叫《当幸福来敲门》的电影吗？这是一个由真实的故事改编而成的电影。

"我生活的这一部分叫做搭公车。"

"我生活的这一部分叫做冒傻气。"

"我生活的这一部分叫做疲于奔命。"

"幸福自己会来敲门，生活也能得到解脱。"

以上是主人公的自述，也是这个故事的梗概。它讲述了一个父亲带着一个儿子一起成长与奋斗的故事。

加德纳在28岁那年才第一次见到了自己的父亲，所以，他发誓，以后自己有了孩子，一定要做一个最好的父亲。

可是他的事业并不顺利，生活潦倒，他靠卖骨密度扫描仪为生，每个月要卖掉一台这样的仪器，一家三口的生活才能得到保障，但是，他往往几个月都卖不掉一台扫描仪，医院的医生都觉

27

得这个东西不靠谱。

一个偶然的机会，他得知做证券经纪人不需要大学文凭，只要懂人际关系和数字关系就可以，于是，他到维特证券公司去面试，凭借他的执着与智慧，并因为能快速玩转魔方，最终，他获得了在维特公司的实习机会。

公司总共招了20个实习生，经过六个月培训，最终只能有一个人留下，并且在这六个月培训实习中，是没有工资的，20个实习生必须自己支付生活的费用。

这对加德纳一家人而言，无疑是个巨大的挑战。

夫妻两人为钱的问题已经不知道争吵了多少回，如果现在找到了新工作还没有工资的话，家庭一定会破碎的。果然，在得知加德纳接受这个实习机会后，妻子去了纽约，留下父子两人一起生活。

加德纳每天除了在证券公司学习，他还要到幼儿园接儿子放学，生活过得很辛苦，很忙碌。

但这还不是最惨的，紧接着，因为没钱交房租他们被房东赶了出来。

他带着儿子到教堂救济的地方排队，如果能排上队，他们晚上将不必流浪街头，也不用再睡地铁站。

加德纳一边实习，一边卖他的骨密度扫描仪，为了儿子能吃得饱，他甚至去卖过血。

他承诺过，一定要呵护好自己的儿子，自己是一个从小就缺少父爱的人，他发誓，即使在最艰难的条件下，也要让儿子过得幸福。尽管环境一直不是很乐观，但他教育儿子不要灰心，好日子会来临的，幸福就在门外。

加德纳的儿子虽然还只是个幼儿园的小朋友，但是他很理解父亲的辛苦，早上起来他会帮助父亲打领带，这着实让加德纳很感动。

加德纳带儿子去打篮球，并在球场上对他说："别让别人告诉你你成不了材，即使是我也不行，"还说，"如果你有梦想，你一定要去捍卫它。"

加德纳对儿子的影响是很深刻的，因为有这样的父亲，小家伙成长得很健康，因为他不但拥有一个好的身体，还拥有一颗乐观的心。

功夫不负有心人，经过六个月的实习，加德纳获得了股票经纪人的工作，父子俩的生活终于不用再像以前那么贫困。

此时的加德纳觉得，自己的人生才真正开始，原来以前所做的一切包括卖骨密度扫描仪都只是一种锻炼，它塑造了自己跟人沟通的可贵品质。

通过一步一步的努力，最终加德纳创办了自己的公司，成为了著名的金融投资家。

影片的开头有这样的一幕，加德纳送儿子去上幼儿园，在学校外面的墙壁上，他们看到"幸福"这个单词，本来它应该是happiness，但是学校却把单词里面的 i 写成了 y，加德纳说："对，幸福是我的，而不是你的。"这确实寓意深刻。

毅力是美德

　　林晓是一个来自普通工薪家庭的女孩子，今年她已经20岁了，还有一年她将离开大学，踏上社会这个大舞台。她想总得在毕业之前锻炼一下自己，于是她决定这个假期不回家，在自己读书的城市找个兼职锻炼一下，好为自己以后走入社会打下一点基础。

　　还没放假她就开始找工作，她先在网上搜查最近哪些单位在招人，然后再根据自己能提供的时间去面试。

　　找了很多家之后，她发现肯德基之类的外国连锁快餐店招学生的比较多，于是，她跟对方联系好了面试时间。

　　她想，如果面试通过了，这个假期她一定能得到很多锻炼。

　　约定的时间很快就到了，林晓准时来到餐厅面试，餐厅经理问她：“服务业很辛苦，你准备好了吗？我看你们学生都不能吃苦。”林晓急忙说：“我可以的，我一定会坚持，你们招的人很

多不都是学生吗？别人能行，我也能行。"

餐厅经理接着说："那好吧，我先问你几个问题，首先，你怎么理解服务业？"

"我理解的服务业是这样的，一定要对顾客保持笑脸，为顾客提供最满意的服务。"林晓说。

餐厅经理很满意地笑笑，接着说："如果遇到难缠的顾客怎么办？""顾客就是上帝，再难缠的顾客，只要他来到这个餐厅消费，他就是我们要服务的对象，没有不对的顾客，只有不努力的服务员。"林晓干脆利落地说到。

经理对于林晓的回答十分满意，高兴地对她说："好了，你已通过我们的面试，明天九点你就可以过来接受培训。但是你刚进来，要学的东西很多，首先就得从打扫卫生间开始，你行吗？"

"我行的，工作没有贵贱之分。"林晓坚定的回答经理。经理说："那好吧，明天准时报到，我们可是打卡的哟！"

林晓没想到自己面试第一份工作居然能这么顺利，她回到宿舍把这个消息告诉了舍友，舍友在替她高兴之余，也不忘了提醒她，服务业真的很辛苦，她们有朋友做过，不到一个月就辞职了。

但是林晓没有退缩，她说她还是要试试，也许自己做了感受就不一样呢？也许自己就觉得很适合很喜欢呢。

第二天林晓准时来到餐厅培训，她的工作就是守在卫生间门口，当有顾客从里面出来，便赶紧把卫生间的水和洗手台的水清理干净，拖干卫生间的水是为了防止顾客滑倒，而擦干洗手台的水是为了保持台面干净，还要留意镜子上有没有水，也要擦干净，方便顾客使用。

整整一天，林晓都待在这个区域，负责把水清理干净。一天下来，林晓的脚站得酸疼极了。回到宿舍，把脚泡在热水里，疼得她直乱叫。

舍友都劝她别干了，反正又不缺那几个钱，服务业工资又低，她的付出跟她的回报完全不成正比。

林晓却不这样认为，相反的，再累她也要坚持。

她想："做一份工作如果连毅力都没有，那以后怎么在自己的岗位上坚持下去，是不是以后正式工作了，也是觉得辛苦就退缩？现在是一个很好的锻炼毅力的机会，如果站一天都没事，看顾客的脸色也没事，那么以后在自己的工作岗位上一定也会比别人做得好。"想到这里，她忘记了脚的疼痛。

接下来的几天，林晓的工作还是守在卫生间的门口，负责搞好这个区域的卫生，其实，偶尔她还是会替自己委屈，自己一个大学生，怎么干上了这样一个没水平的工作，自己这个工作连没上过学的人都可以干，自己是发疯了吗？

但抱怨归抱怨，她还是会做好自己的工作。

一个月后，她被叫去点餐，变成了点餐员，对于她来说，这个工作比守卫生间又要好些，好歹能跟人多交流，能学到更多的东西。

林晓对顾客的态度是最好的，虽然刚开始时也经常碰到顾客的刁难，但时间长了，顾客都很喜欢她，有的顾客会专找她所在的机子点餐。

站在前台，依然是很累的，每天那么站着上班谁都吃不消，但是林晓很有毅力，因为她学到了很多大学里学不到的东西，比

如：坚持和坚强，做到这些，没有毅力是不行的。

有一天，林晓被经理叫到办公室谈话，经理告诉她："自从进到餐厅，你的表现一直很不错，公司很看重你，如果愿意，毕业了可以来餐厅工作，那时候就不是服务员了，而是储备经理。餐厅每年都会面向本科大学招收储备经理，并且竞争很激烈，如果你愿意，现在我们就可以为你预留一个位置。"林晓做梦都没想到，因为兼职，自己居然找到了毕业后的工作，她说她很愿意。

经理说："其实是你的毅力打动了我们，虽然我们为学生提供很多勤工俭学的机会，但很多孩子根本吃不了苦，上几天就跑了，但是你不一样，一个本科生，居然不嫌脏，不嫌累，坚持到现在，我们认为你有可贵的品质，你的毅力，将是你未来取得成功的保障。"林晓不好意思地笑笑。

毅力是一种美德，尤其是对女孩而言，毅力是很重要的，没有毅力我们很难在这个竞争激烈的社会立足。毅力就像指引我们前进的灯塔，我们只有在灯塔的指引下，才能找到正确的航向；同时，毅力也像我们的螺旋桨，没有它积蓄力量，我们将无法抵达梦想之地。雨果说："艺术的大道上荆棘丛生，这也是好事，常人都望而却步，只有意志坚强的人例外"。我们知道，这些意志坚强的人，最终将成为收获最多的人，因为他们拥有别人所没有的毅力。

让心灵美跟随我们成长

小女孩自从出生的那一天开始就是个残疾的婴儿，由于嘴唇是不健全的，也就是通常所说的兔唇，她被父母遗弃在医院门口一个药房里。

起初，药房的老板娘并不知道是怎么回事，女孩的父母只是让她帮忙抱一下，说自己现在有点事要忙。

谁知道，这对父母离开了就再也没有回来。这时，药房的老板娘才发现，原来自己手中抱的孩子是个有缺陷的孩子，孩子的父母可能正是由于孩子是兔唇才抛弃了她。

老板娘不知道如何是好，她不可能把孩子扔掉，因为她是学医出身的，她有最起码的良知和道德底线。但是考虑到自己家里已经有一个上初中的女儿，她实在不知道怎么办，丈夫在前年就去世了，只留下她们孤儿寡母，如果再抚养这样一个婴儿，她们母女俩的日子将会更艰难。

但是老板娘还是决定暂时收养这个孩子，她想，孩子的父母可能只是一时糊涂，只要想明白了，他们总会回来带走孩子的。

老板娘每天除了看店还要照顾这个襁褓中的小婴儿，女儿上初中，学习很紧，基本上不能帮妈妈分担什么。孩子晚上老是哭闹，自从领养了这个孩子，老板娘就没睡过一个安稳觉。

因为可怜孩子，老板娘只能自己一个人劳累着。

隔壁早点店里的阿姨问老板娘这是何苦呢？不如索性把孩子送到民政局或者孤儿院，他们总是会处理的，但是说了几次，老板娘都没有听她的劝，自己继续抚养这个孩子。

卖早点的阿姨在老板娘忙的时候，也会来帮忙照看孩子，因为自己是卖早点的，早上过了，很多时间还是挺闲的。

这个阿姨虽然嘴上说着让老板娘把孩子送走，其实时间长了她也舍不得，小孩子总是特别容易让人产生感情。孩子到六个月大的时候，她还去给孩子买个学步车。两个人你带一会儿我带一会儿，孩子很快就长到了送幼儿园的年龄。

小女孩已经开始送幼儿园了，而老板娘的女儿也已经快读完高中，要上大学了，这时候，老板娘才真的感到压力很大，自己虽然经营着一个小药店，但是由于距离医院太近，生意一直都不是很好，赚来的钱也只能勉强维持生计，根本负担不起两个孩子的费用。

况且，现在女儿又要上大学，未来将会需要一笔很大的开销，老板娘实在想不出还能做点什么来贴补家用。

但是转念她又想到，即使真的有什么额外的活让她做，她也没多余的时间啊，每天得接送这个上幼儿园的孩子，还要看自己的药店，唯一的办法只能是尽量节省了。

小女孩看到妈妈愁眉苦脸，就抱住妈妈的腰跟妈妈说："妈妈，我会听话的，你不要皱着眉，我再也不惹您生气了，"说着，用自己的小手抚平妈妈额头上的皱纹。

看到女儿这么懂事，妈妈把她抱起来，对她说："宝贝女儿，你很听话，妈妈没有生气，妈妈是高兴。"每次她都把女儿紧紧的抱在怀里。

十个春秋很快就过去了，这时的小女孩已是个十岁大的姑娘，姐姐顺利大学毕业，现在已经可以帮助妈妈分担一些生活压力。姐姐能顺利上完大学，还要感谢政府的帮忙。

当时，考上大学的时候，政府知道了她的妈妈收养了一个有缺陷的孩子，不但给她发了补助，还给孩子办了领养证明。

他们没有责怪这个母亲的收养不符合法律程序，因为他们知道，她用她的母爱给了这个孩子一个温暖的家，如果当时狠下心把孩子送到孤儿院去，说不定今天这个小女孩不会成长得这么健全。她可能会在孤儿院里面遭到歧视或者受到来自别的孩子的欺负，从而自己开始学坏。

但是因为有了这个妈妈，有了这个温暖的家庭，小女孩长成了一个健康、漂亮、心灵健全的人，她很美，即使是兔唇也很美，因为她的心灵像她的妈妈一样善良。

 # 任何苦难都是暂时的

他的名字叫自立，来自一个小山村，在他们那个山包包里，很少有人能走出去，也很少有人上过学。

自立是为数不多的上过学的其中一个，他的梦想就是走出大山，并把父母接到城市里生活，为此，他一直努力学习。但是高考他还是落榜了，只能待在家中想别的出路。

他发誓，就算上不了大学，也要通过别的方式走出去。靠山吃山靠水吃水的生活习惯，使得村民中没有人想过要到外面的大城市去看看。整个村子的人都是朴实的，他们一直活在自己的世界里，与外界基本没什么联系，所以他们觉得自立的想法实在是很荒谬。

直到一个征兵机会的到来，自立觉得改变自己命运的机会到了。

"人民解放军，多么让人敬畏的职业，以后我也要荣耀返

乡！"自立在心里这么想着。

他顺利通过体检进入了部队，来到了理想中的大城市，但是部队的生活跟他想象的一点都不一样，感觉比在家里面干农活还要累。

每天他都要起得很早，训练的时间超过六小时，晚上还要轮流站岗。没过多久，他就累得趴下了，但是他想，为了自己的荣耀之路一定要坚持，只要在部队里干好了，以后升士官了，一定会有出头之日的。

此时的他还不知道，在部队里面不是人人都可以往上爬的，每年部队都要注入许多新鲜的血液，根本留不了多少人，很多人不管是军官还是士官都要面临转业问题，更不要说像他这样的年轻人，除非他有突出的事迹，否则，两年时间一到，一样得复员离开部队。

果然，两年时间很快就到了，虽然他很努力，但是他仍然只是个列兵，没有什么卓越的贡献，复员的问题很快来到他的身边。

领导先是做他的工作，然后给他办理了相关的手续。

他想，我的军旅生涯就这么结束了，想荣耀返乡的梦想也就此破碎了，我不知道自己还能干什么，仿佛人生又再一次陷入了绝境。在这个城市里，我不知道我将怎样维持自己的生活。

想到这些，他变得很沮丧，因为苦难再一次降临到他的头上。

但是，当他觉得没有出路的时候，很快他就在一个学校里找到了保安的工作，由于有在部队的经历，学校很高兴聘用他。

学校觉得这样的人可靠，虽然年龄不是很大，但是有责任心，部队里面锻炼过的人，总是会有特殊的气质。

很快，他就上岗了，聘用他的学校是一所大学，他想："这些学生跟自己年龄差不多吧，真羡慕他们有学上。"

日子就这样一天天过去，慢慢的，他有了积蓄，并且可以给家里面的父母寄钱了。

工作稳定后，他渐渐萌生了一个大胆的想法，他想："为什么自己不重新考一次大学呢？身边有这么好的资源为什么不用起来呢？"于是他开始看书，他想参加下一次的成人高考。

说做就做，每天下班后他就去自习室看书，开始准备他的考试。

这次上天没有跟他开玩笑，经过一年时间的努力，他考上了自己工作的大学，而且还是热门的会计专业，他终于可以重新开始上学了。经历了这么多之后，他觉得自己成长了不少，虽然这期间很苦很累，但一切都是值得的。

他的付出得到了回报。他盘算了一下，这份保安的工作还让他有了点积蓄，成人高考上大学并不是全日制的，自己还是有时间去赚生活费的。自己一边工作一边学习，完全可以维持到大学毕业，还不会给父母增添一点负担。

他想想真是太好了，到时候自己又有学历又有工作经历，一定不会难找工作的，也不用再去做待遇最低的工作。

自立在读书期间，其实还是很累的，他每天除了要到教室上课外，还要去上班，时间久了，学校里的老师都认识了他。

刚开始老师很难把门卫跟他想成一个人，但后来得到了证实，确实就是他。他是第一个保安队伍里面走出的大学生，并且他还鼓励其他保安兄弟也去考大学。

于是，有了第二个、第三个保安兄弟上大学的例子。老师们都很喜欢他，觉得他有干劲，一步步走来那么艰难，却从不说累。

自立毕业后，到一家公司应聘会计，单位看中他的部队出身也看中他的社会阅历，公司毫不犹豫的聘用了他。

果然，他也没有让公司失望，进入公司不到半年，成绩突出，为公司取得了很好的效益。

之后，他把父母从山包包里接了出来，跟他生活在一起，他对父母许的诺，终于在此刻兑现了。

 # 让你的小脑筋动起来

有一个牧马人，他的牧场里养了很多马，他记得每一匹马的名字、外形和颜色，所以即使有人偷了他的马，他也能把它找回来。

有一天夜里，他的马棚里潜入了一名小偷，牵走了他最爱的一匹马。第二天早晨起来后，他发现了这件事情。但是他一点也不慌乱，而是告诉牧场里的人，看看最近有没有人来买马。

他的手下听了他的吩咐，便开始四处打听，有没有贩马的人来到此地。果然，到中午的时候，他的手下打听到了，告诉他说："最近确实来了一个贩马的商人准备从我们这里买走一百匹马。"他接着问："有没有打听到是什么时候交易？""好像是明天下午，老板。""好吧，你去忙吧，谢谢你打听来的消息。"牧马人说完，手下便走出去了。

第二天下午，牧马人准时来到交易地点，来卖马的人很多，这里的很多人家都有马，只是像牧马人这样有牧场的很少。他们

都牵着自己的马走到贩卖地点，希望能卖个好价钱。

没多久，收购马的商贩就来了，他开始买马，牧马人一直站在旁边观察，他觉得这么好的一个机会，偷马贼一定会带着偷来的马出来卖掉。

果然，没过多久，偷马贼就牵着那匹偷来的马走到了贩卖的地方。那个偷马贼看起来很紧张，他没有看到牧马人便径直走到了商贩面前。

他给那匹大马套了一个头套，他担心会有人认出这匹马，从昨晚到现在，他都没有仔细观察过这匹马，自从偷来后，他一直把它关在一个废弃的马房里，直到今早去牵。

但是牧马人很快认出了这就是他丢失的那匹马，没有一匹马能像这匹马那样大，就算自己牧场里的马，也再没有像这样大的第二匹。牧马人快速走上前去，制止了这次交易行为。

他对偷马贼说："这匹马跟我昨晚丢失的马长得一模一样，明明就是我家牧场里的，你偷了我的马。"

这时，偷马贼大着胆说："老兄，天下的马，差不多都长一个样，你怎么能说我偷了你家的呢，这是我从小喂大的马。"

牧马人看他没有承认的意思，便想到了一条计谋，于是走上前去，蒙上了马的眼睛。问偷马贼说："若这匹马是你的，那你一定知道马的眼睛哪只是瞎的？""我当然知道，左眼是瞎的。"偷马贼干脆的回答道。

牧马人放开了蒙在马左眼上的手跟他说："马的左眼并没有瞎"，"我记错了，是右眼，右眼"偷马贼着急地说。于是牧马人又放开了蒙在马右眼上的手，对他说："马的右眼也没有瞎。"

这时偷马贼还想狡辩，接着说："我记错了，是我家的另一匹马是那个情况。"就在他还想接着狡辩的时候，贩马的商人站出来说："我不会买这匹马的，因为他根本就不是你的，你是偷来的。这位先生只是略施小计，你就完全暴露了，请你不要再狡辩。"

于是，他通知警察带走了这个偷马贼。

牧马人牵着自己心爱的大马回了牧场。

学学蜗牛，不要学乌龟

有一只蜗牛，它出生在北方，但是一天它在一片树叶上午睡的时候，突然被一个园艺师带走了，它被带到了南方。

经过长途跋涉之后，醒来的它很困扰，它不知道怎么样才能回到自己的家乡，但是它决定就算是爬，它也要回到自己的家乡。

于是，它开始了漫长的旅程。它先是爬出盆栽，来到院子里，遇到了一只蜜蜂，这只蜜蜂已经在主人家生活了多年。

它问那只蜜蜂："朋友，你知道这是哪儿吗？"小蜜蜂友好地对它说："朋友，这是南方，你是从北方来的吧，因为我的主人之前去北方了，并且拿回了很多盆栽，之前也没见过你，你肯定是跟随他一起回来的，对吗？"

蜗牛苦恼地点点头，并对小蜜蜂说："朋友，不是我想跟随他来到这，我是被迫来的，在此之前，我一直在一片绿色的树叶上午休，但是等我发现的时候已经来不及了，我已经坐上了南下

的车子。"

小蜜蜂关切地问它打算怎么办？蜗牛说它打算爬回去，不管多么困难一定要回到北方，找到自己的家人。于是，小蜜蜂给它指了出门的路。

出了大门，朝北边走了一段时间后，蜗牛觉得很累，并且口渴得厉害，于是它决定先到前面的河边喝口水再继续赶路。它来到河边，喝完水，正在休息，忽然，它看到了一只乌龟。

蜗牛吓了一跳，因为比起乌龟自己长得实在太小了。这只乌龟也是到河边来喝水的，交谈了一会儿才知道，原来这只乌龟也是来自北方的，它是被一个孩子带到了南方，已经来了三年了，后来因为主人要搬到国外去，只能把它拿到郊外放生。乌龟对蜗牛说："自己好不容易自由了，也想回北方的家去看看，都不知道还有些什么人在。"

于是它们相约一起赶路。

对它们来说，回到北方是艰难的，它们每天能走的路太少了，像这样下去，就是十年也回不到家，最后也许会累死在路上，想到这些，乌龟就有些沮丧了。

在结伴而行了十一天后，乌龟实在走不动了，它觉得它们的返乡之路遥遥无期。

于是它跟蜗牛说："老兄，不如我们就原地待下吧，理想跟现实总是有很多差距，咱们俩是注定回不到北方了，多远的距离啊，不是我们俩的体力能承受的。"

蜗牛听了乌龟的话，也很有感触，但是想要回家的信念还是很坚定，它开始给乌龟做工作："伙计，你不能说放弃就放弃，只要我们坚持赶路，我们一定可以回到北方的。你不是已经离家三年了吗？你不想你的家人吗？只要我们坚持赶路，总有一天我们会和家人团聚的。如果现在就放弃，我们这辈子就再也见不到我们的家人了"。乌龟将信将疑，接着赶路。

时间很快就过去了一年，乌龟和蜗牛还在它们的旅途中，这时的它们已经比原先瘦了很多，乌龟再一次产生了放弃的念头，它对蜗牛说："要走你走吧，我走不动了，我可不想累死在路上。"

说着，便坐到了路旁的草丛里。

蜗牛听了乌龟的话，也陪它坐在了草丛里，但它并不是同意了乌龟的意见，而是再一次给乌龟做工作，它对乌龟说："老兄，都坚持一年了，你就再坚持一下吧！也许我们会碰到好运气被大卡车拉回北方也说不一定呀？像来时候那样坐车的话，几天我们就能回到家乡。"

乌龟再也听不进去任何劝告，它对蜗牛说："我决定就此安营扎寨，再也不走了，你硬要走的话，自己一个人多保重。"蜗牛劝了乌龟，可乌龟已经下定了决心，于是蜗牛只好自己一个人开始赶路。

走了三天后，蜗牛走到了一条高速公路旁边，它终于看到了希望，它想："这是一个搭上顺风车的极好机会，只要能搭上顺风车，自己很快就能回到北方。"

接下来该考虑的是怎么坐上车，这时，它突然看到田边小路上有人在卖水果，并且还时不时的有人下车来买水果。蜗牛知道怎么办了，它偷偷钻进了一个装满桃子的果篮里，躲在了桃叶下面，这样，只要有人来买桃子它就能顺利的坐上回北方的车了。

刚才它已经观察好了车子去的方向，无论上了谁的车，都是往北方开。所以它不用担心它是被哪个车带走。

果然，没过多长时间，它就坐上了一辆拉货的大卡车。坐到车上后，它一点一点的挪出放水果的袋子，开始呼吸起了快乐的空气，它想："真好，马上就可以回到自己的家。"

人总是要犯错误、受挫折、伤脑筋的，不过决不能停滞不前；应该完成的任务，即使为它牺牲生命，也要完成。社会之河的圣水就是因为被一股永不停滞的激流推动向前才得以保持洁净。这意味着河岸偶尔也会被冲垮，短时间造成损失，可是如果怕河堤溃决，便设法永远堵死这股激流，那只会招致停滞和死亡。荀况说："锲而不舍，金石可镂"。只要我们有足够强的毅力和信念，最终我们将会战胜困难，希望所有的女孩都能向小蜗牛学习。

 # 用精神战胜一切

校长威尔曾在学校里做过这样一个实验。

他把两个老师叫到自己的办公室，然后跟她们说："你俩是从学校所有老师里面抽出来的最优秀的老师，这学期我将把学校里面最优秀的 80 名学生分成两个班，让你们来当这两个班的班主任。这些学生的智力要比其他任何学生的智力都高出很多，希望你们能一起努力，取得更好的成绩。

两个老师都连连点头，表示自己一定会尽力。

校长特意嘱咐老师："对待这些被抽出来的学生，就像对待普通的学生一样，不要让孩子的父母或者孩子本人知道他们是被抽出来的好学生，如果知道了的话，不利于孩子取得更大的进步，因为他们会骄傲自己已取得的成绩。"

两个老师保证一定不会告诉别人，于是走出了校长的办公室。

俩人开始在楼道里展开了热烈的讨论，她们觉得自己真幸运，

校长居然认为她们是最好的老师，并且还把学校里最好的学生交给她们来带，她们发誓，以后一定要对学生更细心，以帮助学生取得更好的成绩。

分班的工作很快就完成了，两个老师开始领导自己班级的学生，她们每天细心备课，上课认真观察学生，一定保证她们的学生每个人都在听课，就是自习的时间，老师也会到场，她们要监督着学生，保证每个学生都是坐在教室里面学习。

她们觉得既然校长那么看好自己，就一定不能让校长失望。

时间过得很快，期末考马上就要到了，一学期下来，她们发现这些孩子确实又比以前进步了很多，于是，在期末来临之际，她们又给学生敲响了警钟，并且自己以身作则，天天把精力完全放在学生们的身上，陪他们复习，给他们解答疑惑。

她们希望，学期末孩子们能取得理想中的好成绩。

这两个班级师生的努力没有白费，期末考核的成绩下来了，这80名学生确实取得了好成绩，无论是班级总分还是个人总分，最好的成绩都出在这两个班。

两位老师感到很欣慰，她们一起来到校长的办公室，准备把这个好消息告诉校长。

进到校长办公室后，校长仿佛知道了她们来此的目的，便对她们说到："我知道你们这次的成绩了，恭喜你们取得了最好的分数。"正当俩人打算继续说点什么时，校长突然说："我有话要跟你们说，其实当时分给你们的80名学生并不是学校里面最优秀的学生，他们只是最普通的学生。"两个老师诧异地看着校长，她们没想到会这样，都以为学生比较优秀。

校长接着告诉了她们另外一个真相："你们两个当然也不是学校里面最优秀的老师，你们只是普通的老师。"

两个老师再一次诧异地看着校长，不知道说什么，校长接着说："做这个实验的目的，我就是要证明一件事情，没有绝对优秀的老师，也没有绝对聪明的学生，你们所取得的成绩完全是因为你们的精神状态。

如果当时我就和你们说，你们要带的学生是最差的学生，或者是最普通的学生，相信你们就不会花那么多时间和精心去跟学生一起努力。

因为你们会觉得他们智力平平，即使努力了，也不会有太多进步。你们只会认为，只有最好的学生，才可能获得最大的进步。其实不是这样的，更多的时候，人需要的是一种精神。有了这样的精神，我们跟成功就近在咫尺。"

老师们到此刻，终于明白了校长的良苦用心，决心以后一定用这样的态度去对待自己的教学和学生。

品质是最动听的音乐

英子和玉子是两个最好的朋友，她们一起上学，一起放学，从来不会争吵。在同学们看来她们是最好的姐妹。英子家庭条件特别好，弹得一手好钢琴，而玉子则家境不是很好，每天放学回去还要帮妈妈看杂货铺。

在玉子的眼中，英子过着小公主一样的生活，而自己就是现实版的灰姑娘。有时候仔细一想，又觉得自己连灰姑娘都比不上，因为灰姑娘的困难只是暂时的，将来会有王子来拯救她，而自己呢，如果不努力，不会有任何的改变。

但是，她又很欣慰，因为她还有英子这个好朋友，英子不嫌弃她的出身，一直跟她做朋友，她很感谢英子。

每逢周末，玉子就会到英子家找英子玩，每次去找英子，英子都在练琴，她就坐在一边等英子。英子的爸爸妈妈也很喜欢玉子这个小女孩，觉得她长得很可爱，每次都会热情的接待她。

　　一天，玉子来找英子玩，老师正在教英子弹琴，玉子忽然觉得钢琴的声音好优美，她也想学琴，可是家里的条件不可能允许她学。英子的妈妈仿佛看出了小女孩的心思，便走过来跟她说："你喜欢钢琴吗？""喜欢。"玉子小声说。于是英子妈妈说："那你以后过来跟英子一起学吧，两个人也可以做个伴。这样的话，你就不用一个人等着她下课了，你们可以一起学习，还可以相互探讨。"

　　玉子高兴地说："真的可以吗？我可以和英子一起学琴吗？""傻瓜，当然可以啦。"英子紧接着说。

　　于是，下一个周末两个小姐妹开始一起学琴。

　　玉子由于以前从来没学过琴谱，所以刚开始就觉得特别困难，老师告诉她："不要担心，慢慢来，一天学一点，最终就会学懂的，学东西不要抱着很强的目的性，要抱着一颗娱乐的心，这样的话效果会更好。"玉子听完老师的话，赞同的点点头。就这样，慢慢的，玉子弹得越来越好，她没想到自己可以学得这么快，老师跟她说她很有天赋。

　　伴随着琴声悠扬，两个小女孩出落成了漂亮的女孩，这时候的她们还是每天都待在一起，俩人好得让人羡慕。

　　一天，她们突然有了一个比赛的机会，这个比赛是学校联合音乐公司举办的，目的是选出一位会弹一手好钢琴的"明日之星"。

　　班里谁都知道她们俩会弹钢琴，于是，班主任找到她们，对她们说："我们班就你们两个出战吧，我对你们很有信心。"

　　两个女孩都很自信，并没有扭捏，她们很快答应了下来，并开始着手准备比赛。玉子还是没有自己的钢琴，所以她只能跟英子一起练习。她们在讨论，是一起出一个节目呢，还是单独表演？

最后，讨论的结果是每个人单独表演，这样的话就可以彼此点评一下，于是她们各自准备着。

比赛的日子马上就到了，有十五个同学参加比赛，她俩的比赛顺序只相差了三个人。

她们分别排在第七位和第十位，玉子排第七，英子排第十。比赛正在如火如荼地进行，突然，出乎意料的事情发生了，英子忽然发现她没有带上自己的琴谱，而这个曲子没有琴谱是无法表演的，因为学校统一发了琴谱让练习，到时候考官会在里面挑选，因为给的时间短，又不知道考察哪一首曲子，所以允许她们带着琴谱上台，而每个同学的都不一样，没有琴谱是没办法上台的。这时候英子彻底乱了，不知道怎么办才好。而此时比赛已轮到了第三个同学。

这时，玉子想都没想就冲了出去，她要去为英子取来琴谱。就算自己不比赛，也要让英子比赛，英子从小就学琴，这次，对英子来说是一个绝好的机会，哪怕自己错过了比赛也要让英子顺利比赛。

很快，玉子便到了她们最近练琴的地方拿到了琴谱。但回来的时候还是晚了，玉子错过了自己的比赛，已经轮到第九个同学上场了。玉子早已预料到了这一切，她跟英子说："没事，我俩谁参加比赛都一样，你赶紧准备准备，要到你了。"

最后，英子摘得了桂冠，而玉子却错过了比赛，如果玉子没有为英子去取琴谱的话，她们两人真的难分胜负，究竟谁会是最后的冠军，实在是个未知数。

　　因为老师们看她们平时排练，就觉得她们两人实在是难分高下，两人都一样的出类拔萃。刚开始大家就都在猜想她俩究竟谁会脱颖而出，而最后却没能欣赏到玉子的表演，大家还是有点失落。

　　但是，毕竟是英子获奖，同学们还是涌上前来恭喜英子。英子觉得对不起玉子，要不是因为她，获奖的可能就是玉子了。

　　玉子看出了英子的心思，便对她说："傻姑娘，难过什么，你对我那么好，为我做了那么多，还让我跟你一起学钢琴，要不是你，我连钢琴都不会弹，更不要说拿奖了，我没有想那么多，你拿奖我是最高兴的，赶紧笑一个。"英子给了玉子一个大大的拥抱。

女孩，你的名字叫玫瑰

　　叶妍今年毕业了，每天抱着自己的简历往返于各大人才市场，希望招聘单位可以给自己一份工作，可三个月过去了，仍没有一个单位想聘用她，这让她万分沮丧。当年她拼了命地考大学，而现在却连自己也养不活，想到这些，她不禁难过起来。但生活从来不同情弱者，她接着找工作，她对自己说："一定要找到工作。"

　　四年前她来到这个城市，带着悲伤，带着疼痛，她和林晟，从此分隔两地。叶妍留在了省内，而林晟去了外省，去了有海的地方，高中生活就这么结束了。

　　高中三年，她习惯了有林晟每天出现在她的生活中，每天早晨上学她都要早点去，只为在学校门口那家早点铺和林晟一起吃早点；每天无论上课还是课间休息，她都捕捉林晟的身影，每天下晚自习她都要走在他的前面或后面，只为跟他一路回家，听他跟同学们开着玩笑，说着白天课堂上的事儿，仿佛一切和她有关，

而事实是她从不敢跟他说过一句话，哪怕是打一个招呼都没有，林晟直到现在也不认识她，对她的印象应该仅仅停留在世界上有这么一个人吧！

其实在叶妍喜欢林晟没多久的时候，林晟就有了女朋友，那个女孩叫晴小甜，并且晴小甜的家跟叶妍的家就在一个路口。

所以，叶妍的后两年高中生活，就是在每天看着林晟骑着自行车来接晴小甜中度过的。她清晰地记得，那是一个阳光灿烂的中午，她走路上学，忽然听到了后面人的说话声，回头一看，正是他和晴小甜。所有的恐惧被证实了，早就听同学说他有女朋友了，原来是真的，眼泪夺眶而出，她的恋情还没有开始就这样结束了。

上大学后，叶妍喜欢上了林晟之外的男生，这一点连她自己都觉得难以置信，她以为她再也不会喜欢上林晟之外的人。而杨晓宇的闯入，让一切变成了可能。

在一次老乡会中，她认识了杨晓宇，这个白白净净，斯斯文文的男生深深吸引了叶妍的眼球，她暗暗思忖着，如果这个男生追她的话，她一定会一口答应的。而林晟，过去了，从此过去了。

大学生活让人闲得发慌，叶妍也一样，整个大一过得浑浑噩噩，唯一清楚的是，她想杨晓宇的时间越来越多，这时的他们已是结识了一年的朋友。她没有任何表示，杨晓宇也一样。他把她当朋友，普通朋友，或许是老乡的关系，她才成了他的朋友。如果不是老乡，以他的性格，应该不会和高中以外的同学做什么朋友，他是个太孤僻的人。

叶妍也不知道自己为什么会对杨晓宇有好感，或许是之前暗恋林晟的关系，再喜欢下一个人时，已习惯了之前的胆小，不想去表白也不敢去表白。

因为没有把握，因为是初恋，所以在一开始就选择了站在远处静静观望，说或不说，结果总是缺乏勇气的。

大学校园里熙熙攘攘往来的人群，都活在自己的世界里，没有谁会去猜谁怎么想，谁有没有心事，开不开心。物欲横流的时代，每个人都自顾不暇，照顾好自己已是件艰难的事，哪有更多时间或心思去给自己找麻烦，叶妍也是一样。这份感情，就在默默中枯萎、凋零。

少女情怀总是诗，对于感情，叶妍总是缺乏表达的勇气也逐渐的失去了表达的机会。就这样，大学四年转瞬即过，她与杨晓宇各奔东西。后来步入社会，在纷忙的找工作的空隙间，叶妍总是想，如果多一份自信，多一份勇敢，结局会不会改变。

勤俭是一种朴素的美

晶晶今年刚上高中，她是一个最特别的高中生，为什么说她特别呢？不是因为她成绩最优秀，也不是因为她长得最漂亮，而是因为她带着妈妈上高中。

妈妈已经瘫痪在床三年了，而晶晶的爸爸在一次煤矿事故中不幸遇难了。这三年来，一直是晶晶在照顾妈妈，边上学边照顾家里，晶晶一路走来很不容易。

所以，晶晶养成了良好的生活习惯，她知道自己家积蓄不多，并且赚钱也不容易，所以特别懂得怎么过日子，她从来不浪费，并且每次去买菜都会跟卖菜的阿姨讲价钱，阿姨知道这个小姑娘不容易，每次都会给她便宜点。

从上初中开始，晶晶每天都很早起来为妈妈做早点，顺便做好中午饭，因为中午时间太短了，她来不及赶回家。她在早上把中午饭做完后，放在锅上热着，然后把电磁炉端到妈妈伸手可及

的地方。最后，把自己的中午饭带上就去学校了，一直要到下午放学，才能回来给妈妈做晚饭。

下午时间要多一些，晶晶可以跟妈妈吃了晚饭再去上晚自习，当然，时间还是有点紧，但市场离她们家不远，所以节省了不少时间。

这样的日子，雷打不动的持续了三年，直到晶晶初中结束。

晶晶考上高中后，要到另一个城市去上学，妈妈没人照顾，所以晶晶只能带上妈妈一起走，于是，便有了晶晶带妈妈上高中这件事。

学校知道她们母女的情况后，特意给晶晶安排了一个单人宿舍，这样的话，晶晶母女就可以住在一起，既不会妨碍到别人，晶晶上学也不用担心妈妈。

并且上了高中以后，学校里面有食堂，晶晶再也不用花费时间在做饭上，食堂的菜又便宜又方便，她可以带着妈妈吃食堂。

这样，就可以省出很多时间看书了，晶晶很感谢学校对她们母女的照顾，她想她一定要好好学习，将来回报学校。

勤俭的晶晶刚开始觉得食堂的饭菜价格还是可以接受的，但一学期吃下来，她发现，食堂的饭菜还是要比自己做饭贵一些，这样下去的话，她跟妈妈的积蓄根本撑不到她大学毕业，她想："在大学毕业之前，我没机会赚钱，所以我一定要把花费算得很精确。不然的话，不要说上大学了，就连我跟妈妈的生活都有问题。"

她想到了一个办法："也许可以利用周末的时间在学校食堂里帮忙，这样也算是勤工俭学。我可以跟他们说我不要工资，只要包我跟妈妈吃饭就行。"

于是，她跑去食堂问承包的经理招不招人，并把自己的情况跟经理说了一遍，经理很同情她的遭遇，正好前两天食堂刚走了一个女服务员，经理说："那你来吧，就包你们一日三餐。但是，食堂的工作是很辛苦的，你受得了这个苦吗？"

"我受得了，只要您肯给我这个机会，我一定会好好工作的。"

在食堂经理同意后，晶晶跑回宿舍，把这个消息告诉了妈妈。

妈妈不是很同意晶晶的做法，她说："孩子，既然我们的钱还够花，我们就先花着吧，以后的事以后再想办法，你现在上高中了，学习那么紧，怎么有时间在食堂勤工俭学呢？还是别去了。"

"妈妈，我不是每天都去，我就是周末去帮帮忙，并且周末人也不是很多，我很早就能下班回来看书的，妈妈，您放心，我一定不会耽误学习的。并且，别人已经给我们很多帮助了，以后的学习生活，我还是想多靠自己一些。既然有些事自己能够做到，就不要再去求别人了。"

妈妈想想女儿说的也对，自己勤俭一些，就不用麻烦别人了，于是同意了女儿的做法。

晶晶在食堂一干就是两年多，毕业后她顺利考上了大学，她和妈妈将会去另一个城市，开启她们的大学之旅。似乎什么都在变，又似乎什么都没变，晶晶还是会那么勤俭，还是会那么努力的生活。

"克勤于邦，克俭于家。"勤俭自古就是中华民族的传统美德，勤俭的民族都是富强的民族。每个女孩都应该学习勤俭，首先就得从自己身边的小事做起，比如吃饭不剩饭，不买昂贵的商品，不盲目的追赶潮流，不浪费父母辛辛苦苦赚来的钱，这些都

是我们应该具备的美德。在社会上，像晶晶这样不幸的女孩很多，我们应该庆幸自己生长在一个幸福的家庭里，为此，我们更应该向晶晶学习怎么做到勤俭节约。

智慧是你最好的朋友

伊莎贝拉是最优秀的羽毛球选手，她曾在很多比赛中荣获冠军，可是在这次比赛中她却输给了对手。她不知道为什么，她觉得自己在比赛中没有明显失误的地方，但对手还是将她打败了，想想自己从来都不放松训练，并且每天还要坚持很长时间，她困惑了，百思不得其解的她，找到教练，想知道原因。

伊莎贝拉找到教练，教练知道了伊莎贝拉前来的目的，便对伊莎贝拉说："你把你们比赛的情况详细跟我说一遍。"

于是，伊莎贝拉开始讲述比赛的过程："我气势如虹的走上赛场，对方也是一样，继而比赛开始了，刚开始我打得很好，可打了几分钟后，我就老接不到她发过来的球。

一开始我有点奇怪，后来就明白了，我发现对手很容易就掌握了我的一招一式的规律，而我却找不到对方的规律是什么。并且对手仿佛知道了我的弱势是什么，而我自己却没有琢磨透对方

的劣势在哪里。"

接着伊莎贝拉为教练演示了比赛时的打法，并发誓，自己一定要在下次的比赛中赢过对手。

教练看后，笑而不语。

伊莎贝拉走到教练跟前说："教练，你可一定要帮帮我，我还从来没输过呢，这可是第一次屈居亚军。我保证，这绝对不是我的真实水平。您也知道，每次获得冠军，我并没有费多大力气。这次完全是个意外，居然输给了一个比我还年轻的姑娘。"教练看出了伊莎贝拉的急躁，她不但把成败看得很重，并且不善于从自己身上找原因，这样下去，是会出大问题的。

于是，教练拿出一根粉笔，在地上画了一条不长的短线，然后告诉伊莎贝拉："在不擦掉这条线的情况下，你能把这条线变短吗？"

伊莎贝拉开始思考怎么把这条线变短，她想了一个下午，但最终还是没有想到答案，她不得不去请教教练。

教练走到伊莎贝拉面前，看到伊莎贝拉愁眉不展的样子，便拿起刚才用过的粉笔，在那条短线的旁边画了一条更长的线，并说道："你跟对手的竞争关系就好比这两条线的关系，取得冠军的关键不是去想对方的劣势在哪里，而是要想办法把自己变得更强大，这样才能稳操胜券，毫无悬念的战胜对手。记住，打败对手的东西永远是智慧，而不是蛮力。"

经过教练的悉心教诲，伊莎贝拉终于明白了自己的错误，一直以来，自己都太自以为是了，以为自己就是最强大的，别人都比自己差。其实，就是在这样的自以为是中，对手早就超过了自己，

而自己还停留在原先的水平上，骄兵必败说的就是这个道理。

伊莎贝拉跟教练承认了自己的错误，并决定以后一定要改变自己，她说："我的好胜心太强了，并且从来都不从自己的身上找问题。失败的时候，只知道抱怨，而不去思考对手能赢过自己，究竟凭借的是什么，难道仅仅是运气吗？而现在我知道了，并不是运气眷顾了对手，而是我的努力没有对手多。

我没有看到对手的努力，只一味的强调自己有多努力，结果，当然就输给了对手。教练，以后我一定会加倍的努力，并且不再靠蛮力取胜，而是要靠智慧，把智慧带到我的训练或比赛中，我一定能重新取得好成绩。并且，说到成绩，我觉得以后我不应该把名利看得太重，比赛的意图是为了传达一种进取的精神，而不是为了奖杯。教练，今天你对我的教诲，我想我一定会受用终生的。"

说完，伊莎贝拉深深的拥抱了教练。

 # 你不是"第二性"

英拉·西那瓦 1967 年出生于泰国北部清迈府，父亲是第三代华裔，曾当选清迈国会议员，母亲则是清迈王室后裔。同时，英拉也是泰国前总理他信·西那瓦最小的妹妹。

英拉·西那瓦比哥哥他信小了整整 18 岁。作为清迈名门望族的掌上明珠，自幼接受良好教育，先后在泰国清迈大学和美国肯塔基州立大学取得政治学的学士学位和硕士学位。回国后，英拉先后担任西那瓦家族企业的公司总裁和一家房地产公司的执行总裁。

2011 年 8 月 5 日，英拉作为泰国为泰党总理候选人，在第二十四届国会下议院第二次会议上当选为泰国第二十八位总理，成为泰国历史上首位女总理。

英拉早年就读于泰国清迈大学，学的是政治学专业，随后在美国肯塔基州立大学获得政治学硕士学位。但英拉毕业后她并没

有"学以致用"地进入公共管理部门，而是直接加入西那瓦家族旗下的企业，担任西那瓦电话公司的采购经理和运营经理。

随后，英拉担任了泰国国际传媒集团子公司彩虹传媒的总经理，之后又升任该集团副首席执行官。在英拉的哥哥他信当选泰国第十六任总理后，西那瓦家族的荣耀可谓达到了制高点。

之后，英拉被选为西那瓦家族旗下的 AIS 电信公司的总裁。但在 2006 年，AIS 将其部分的股权出售给新加坡国有企业淡马锡集团，创下泰国有史以来涉及外资的最大企业并购案，随之引发广泛争议。并成为反对派攻击他信"出卖"国家利益的主要理由。

英拉随后辞去电信公司总裁一职，加入家族另一大企业 SC 地产公司任执行总裁。

作为典型的"富二代"，英拉在拥有成功的同时，也受到了很多质疑，认为她只是凭借他信和家族的背景才有如此成就。所以，为了证明自己，英拉在担任 SC 地产公司执行总裁的几年时间里，特别是在他信被军事政变赶下台后，她沉着应对整个西那瓦家族所处的不利的政治环境，用公司股票市值快速上涨的成绩回答了外界对她所有的怀疑。

泰国《民族报》评论英拉的从商能力时说她"魅力十足、事业成功"。商界对手泰娜评价英拉时也说："她诚实，隐忍，有外交风范。"

在人们的印象中，英拉从未利用媒体攻击她的商业对手，而是尽量避免冲突。

由于有贿选行为，英拉的姐夫颂猜刚当上总理就被禁止从政，也因为总理府被"黄衫军"占领，所以颂猜成为泰国历史上第一个从上台到下台都没能在总理府待过的总理。

原人民力量党大部分议员加入英拉的姐姐瑶瓦帕注册的为泰党，以第一大党的地位在国会中扮演反对党的角色。为泰党希望英拉能担任党的主席，但遭到英拉的拒绝。

英拉表示自己不打算从政，更愿意把精力放在商业上。

群龙无首的为泰党随后选举与西那瓦家族毫无关系的永育担任党主席。但作为他信的妹妹，注定英拉不会与政治绝缘。在阿披实总理宣布解散下议院后，大选进程开始启动。

随后，为泰党宣布提名英拉为第一候选人，自此英拉正式登上政治舞台。作为他信的妹妹，其成为候选人是人们所希望的。

他信曾在接受采访时表示，英拉可以说是自己的代理人，她可以代表自己说"是"或者"否"。

他信虽背负泰国政府通缉令流亡国外，但对支持他信的许多下层民众来说，他信始终是给他们带来实实在在好处的总理，针对他信受到不公正的审判，民众对他的遭遇给予了极大的同情。所以，英拉"替兄出征"救民于水火之中的行为，深受人民感动，英拉被形象的称为"白马公主"。

2011年7月，泰国国会下议院投票结束，以英拉为代表的反对党为泰党获得泰国国会下议院超过半数的席位。在国会下议院总共五百个议席中，为泰党获得二百九十九席，泰国总理阿披实领导的执政党民主党仅获一百三十二个席位。为泰党以压倒性优势赢得第二十六届泰国国会下议院的选举。

他信电话祝贺妹妹英拉，并说这表明泰国人民希望看到民主和民族和解。就这样，为泰党候选人英拉·西那瓦，顺利当选为

泰国第二十八任总理，同时也是泰国历史上首位女总理。

英拉的大获成功，主要是因为她提出了一系列的惠民政策。在竞选期间，英拉宣布要为实现国家全面脱贫而努力。

她承诺大学毕业生的起步月工资将得到提高，告诉农民稻米的价格将得到提高，此外，还要向农民提供优惠贷款。上述政策获得了民众的欢迎，英拉调控经济的能力受到很多人的期待。

因为是华裔，所以西那瓦家族对中国有特别深厚的感情，他信任总理期间曾到广东梅州祭过祖。英拉在商界打拼时期曾多次到过中国，对中国的发展有自己的切身感受，她表示新政府将继续推动中国与泰国的合作发展。

除此之外，英拉的家庭生活也受到广泛的关注，尽管她的名字前仍在用未婚女士才用的"Miss"，但事实上她已结婚很多年，只是没有跟随夫姓。

对英拉而言，在获得泰国首位女总理荣耀的同时，她也将面对更多的挑战。

虽然她是个女人，但是在政治上她并不是弱于男性的"第二性"，她跟男人一样的拼搏，永远是第一性的存在。

 # 没有任何借口

有一个人，他好吃懒做，游手好闲，整天就希望安安逸逸的生活，不想做任何事情。每当有事情降临到他的头上，他就开始想怎样才能逃脱，或者怎样忽悠人，从来不想解决的办法。

一天，父亲跟他说："儿啊，今天你把骆驼牵出去遛一遛，最近都在下雨，好久没遛它了，赶紧让它活动活动腿脚，明天有事要用它。"

懒人听后，便去牵骆驼，这时，骆驼开始叫了起来，他从圈门口走上来，来到父亲跟前对父亲说："爹，骆驼在叫唤，它不想出去，它想明天遛。""那好吧，让它先吃饱，明天再遛。"父亲接着说。

第二天，一早起来，父亲就跟儿子说："儿啊，赶紧牵骆驼去遛遛脚，我有急用。"于是懒人又走到关骆驼的圈旁边，骆驼还是像昨天一样叫，这时，懒人又跑到父亲跟前，跟父亲说到：

"爹，骆驼还是不想走，它说明天才走。"父亲不再相信儿子的话，自己走到圈前，把骆驼拉了出来，没想到骆驼很欢快的在叫，父亲说："骆驼就是这么告诉你的？它高兴得咩咩叫，你就以为'咩'叫的是'明'吗？"

懒人一时语塞，抓抓头，不知道该说什么，因为他的诡计被父亲完全识破了。

又有一天，懒人一个人在家，忽然他看到一群小蜜蜂飞到了他的家里，他很奇怪，自己家又没有蜂窝，为什么会来了这么多的小蜜蜂。于是，他循着蜜蜂飞来的方向去找蜂窝。他想："要是找到了蜂窝，我可就有蜜吃了。"

跟随着小蜜蜂来时走过的路，很快，他就找到了养蜜蜂的人家。这家人都出去干活了，他想这真是天助我也。于是，他走了进去，他没有到蜂窝里去偷蜜，他想："这家人肯定把已经掏好的蜜放在屋子里，我得先到屋子里面瞧瞧，要是没有我再去自己掏，不然，被叮得满脸包可不划算。"

于是，他走进屋里，进屋后，果然看到有一大桶蜜放在堂屋里。他找来勺子开始吃蜜。

不一会儿，门外传来推门的声音，他赶紧往门缝里看了看，原来是主人回来了。并且，现在主人已经推开了院门，他已经无路可逃了。

正在不知道该怎么办的时候，他忽然看到在蜂蜜的旁边，有一大箩主人刚采摘的棉花。于是，他急中生智，想到了一个办法，他用蜂蜜擦在自己身上，擦匀后，自己跳进了棉花箩里，不一会，他就成了一个白乎乎的仙人一样的人。

然后他跳上了主人家的供桌，以打坐的姿势坐在上面，他想以此糊弄过去。

主人这时推开堂屋门进来了，看到这样一个白花花的人坐在自家供桌上，起初还真是吓了一跳，真以为是天神下凡来了。但转头一看自家的蜂蜜和棉花被糟蹋成那个样子，便明白了这是一个恶作剧。再仔细一看供桌上的人，原来是隔壁的懒汉。

主人二话没说，就把他从供桌上丢了下来，将他打了一顿，他哀叫着说再也不敢了。

还有一次，他们村发大水，整条河流河水暴涨，有一人那么深。

这天，他在湖边溜驴，突然，他看到有一个老汉被河水卷入了湖中，老汉一直在喊救命，尤其是在看到他之后，一直朝着他这个方向喊。他听到喊叫后，急忙上前一步，问老汉怎么到水里去了。

老汉来不及解释那么多，只说："快救救我，我快不行了。"他说："你等等我，我回去拿我家的门板来救你。"老汉疑惑不解，问他："门板怎么救？"他说："我把门板给你推过去，你顺着爬上来就行了，我也不谙水性，万一把我也卷进去了可怎么办。"

于是，他急忙跑回家抬来了他家的门板，到了河边的时候，老汉已经被另外一个年轻人救出来了。老汉看他扛着板子跑到河边的时候，哭笑不得。

罗曼·罗兰说："宿命论是那些缺乏意志力的弱者的借口。"我认为这句话说得很对，所以我们千万不要做那样的人。女孩们，请谨记，在任何情况下，都不要找借口，因为借口是你走向成功的拦路虎，一定要清除。就连荀子也说："言无常信，行无常贞，惟利所在，无所不倾，若是则可谓小人矣"。

 **田螺姑娘·小秋霞**

她的名字叫秋霞，她有一个哥哥还有一个弟弟，他们三个是留守儿童。秋霞刚上小学时，父母就到上海打工去了，只留下年迈的奶奶照顾他们。

其实，与其说是奶奶照顾他们，不如说是他们照顾奶奶。奶奶已经八十多了，活动早已不利索，根本没有能力照顾孩子，因为她已到了需要赡养的年纪。

秋霞从此承担起了照顾哥哥、弟弟和奶奶的责任，她每天都要负责为他们做饭，哥哥虽然比自己大一点，但是做饭的事，哥哥也帮不上忙，顶多就是帮忙拾拾柴火，家务事还得由秋霞来干。

并且，在这个小山村里，重男轻女的观念特别严重，男孩是基本不干重活的，男孩子天生就应该上学，而女孩只能走嫁人的道路。

村民们都认为，女孩上学纯粹是为婆家花钱，到时候出嫁了，

还不是白供养了。秋霞生在还算开明的家庭，所以能跟哥哥和弟弟一起上学，反正父母在外打工，赚到的钱也不差供养她那一份。

秋霞每天放学回家除了做饭，还要负责洗奶奶、哥哥和弟弟的衣服，秋霞觉得这些都是她要做的，她心疼奶奶和弟弟，而哥哥也不喜欢洗衣服，所以，一直都是秋霞在给他们洗。

晚上睡觉，因为只有一床被子，姐弟三人得一起分着盖，秋霞基本是不盖被子的，因为她盖了，就会有人盖不到。

所以她自己只能蜷缩起来睡，要真到了冬天冷的时候，她就在床边放个火盆，这样，全家人都要暖和一些。

但如果天气不是很冷，秋霞是舍不得烧火盆的，她觉得这样的话浪费柴火，哥哥每天放学回家，去大老远的地方拾柴火实在不容易。

秋霞一直在悉心照顾家人，她想："千万不能有什么闪失，爸爸妈妈在外打工那么辛苦，不能再让他们为家里的事担心，自己已经长大了，要承担起照顾家里人的责任。"想到这些，她为弟弟披了披被子，自己也睡了。

小学快毕业的时候，学校要求学生个个都得住校，这样既方便学校管理，又节省了学生花在路上的时间。这样一来，节省出来的时间就可以多用在学习上。

秋霞把自家的情况跟老师反映了一下，说不能姐弟三人都住校，如果三人都住校，家里的奶奶就没人照顾了。

于是，老师决定，可以有一个人走读，让他们三个商量一下，谁走读。秋霞想都没想，就跟老师说："老师，我走读，哥哥和弟弟都不懂怎么照顾奶奶，只有我知道，奶奶跟我最亲。"

老师说："那好，就你走读，负责回家照顾奶奶，但是一定不能耽误学习。""好的，老师。"秋霞说。

秋霞就是家里的田螺姑娘，什么活她都能干，拾柴、挑水、做饭、洗衣，家里的所有事都被她做得井井有条，就连隔壁的大婶都自愧不如。

大婶跟奶奶说："秋霞真是好孩子，可惜我家没有儿子，不然我都想要个这样的儿媳。"大婶的话说得秋霞有些不好意思，奶奶忙说："你别在孩子面前乱说话。秋霞将来要跟着她爸妈到外面上学的，未来还会考上大学，留在城市生活呢。"

被奶奶这么一说，秋霞羞得脸都红了。

其实秋霞并没有想过自己的未来，她只会想，要把奶奶和哥哥、弟弟照顾好，不让在外面打工的爸妈担心。除了这些，其他的东西距离她太远了。

虽然每次考试自己的成绩还是要比哥哥和弟弟好一些，老师也跟她说她有希望考上大学。但是，想到哥哥和弟弟，她就犹豫了。

她想："将来要是真的家里面只能让一个或者两个孩子上学，那我还上吗？"她觉得应该把上学的机会让给哥哥或者弟弟，最好他们两个都能上，这样就给爸爸妈妈长脸了。而自己的话，只要家里人开心自己就开心。

秋霞从小就习惯替人着想，有什么好事，有什么好东西，她都会想着让给哥哥或者弟弟。她是个朴实又善良的孩子，她像田螺姑娘一样，总是为别人打算，并帮助别人做好每一件事情。

不要埋怨环境

　　小范和小秦是一家公司的两个员工，进公司两年了，小范已经被提到总经理助理的位置，而小秦一直是个小员工。他觉得自己也很努力，可不知道为什么就是得不到提升。

　　这天，他跟小范抱怨说："我要离开这家公司，都已经干了两年了，一点起色都没有，我觉得老板根本就不看重我。我们是一起进来的，你都是总经理助理了，我还是个小员工。再这样下去，我真就前途尽毁了。我明天就去交辞职信。"

　　小范听完小秦的话，对小秦说："对，你是应该离开这家公司，去找更大的公司，才能把你的才干都发挥出来。不过，你现在走还不是最好的时机。如果你现在就走，不会对公司造成太大损失，你应该趁着现在在公司的机会，拼命去为自己拉一些客户，成为公司独当一面的人物。你一旦离开，这些客户就会跟着你走，到时候，公司就会变得非常被动，并且会造成很大的损失。这样

既实现了你的报复，又为自己积累了资源。"

小秦听完小范的话，觉得很有道理，于是自己比以前更加努力的工作。

小秦每天很早就到公司，以前的他总是最后一个，别人都开始工作了，他才跌跌撞撞地跑进来，同事都对他很有意见。

公司上上下下有五百多人，差不多每个人都加过班，唯独小秦，他从来没有加过班。每次轮到他加班，他总是找理由推脱。不是说狗生病了要看医生，就是说自己要看医生。

他的上级完全拿他没办法，他的工作态度实在是太有问题了。

而现在的小秦，像换了一个人一样。他每天早晨到公司之后，会主动打扫卫生，并负责把水烧开，这样，同事一来就可以喝到开水，不但省去了很多时间，同时还拥有了一个上班的好心情。同事们都很感激小秦，大家慢慢发现小秦是个助人为乐的人，以前大家都误会他了。

小秦不但在公司里受到同事的欢迎，而且他也受到了客户的欢迎。以前的小秦，工作不认真，人也很没有耐心，跟他合作的客户，都对他没有好印象，觉得这个小伙子太浮华。而小秦自己也觉得，公司总是只给他一些琐碎的活干，都没有重用他的意思，所以他干什么都没兴趣，不想去努力。

现在好了，有了一个目标，他决定好好表现，让公司知道他的厉害。于是，他开始热心对待客户，每天跑业务都要跑到很晚。以前的他从来没这么累过，但也从来没有像现在这样拥有这么多的客户。

小秦对自己现在的成绩很满意，他想"我是时候离开公司了。"

　　小秦把自己决定离开公司的事，跟小范说了一遍。小范也觉得确实是时候了。于是便对小秦说："你要把握住时机，现在确实是最好的时候。你突然提出离职，公司一定会措手不及。"小秦很赞同小范的观点。

　　其实，小范一直在对小秦使激将法，他知道，小秦的实力绝不仅仅是表现出来的那一点点，以前的小秦只是不够努力，一旦努力起来会有很大的爆发力的。

　　果然，都被小范猜中了，现在的小秦成了公司里面最有业务能力的人。小范觉得小秦是时候去跟老板争取自己所应该拥有的位置了，于是他同意了小秦的说法，让小秦去辞职。

　　小秦来到上司的办公室，准备跟上司辞职。没想到上司先开口了，上司对小秦说："小秦，你最近的表现实在是太优秀了，我们决定把你升为总经理。这段时间以来，你为公司赢得了不少利润。我们决定重用你。"

　　小秦被突然而来的喜讯弄懵了，自己本来是来辞职的，不料却收获了人生中最大的一个惊喜，自己居然可以做总经理了。

　　小秦欣然同意，他觉得其实他最应该感谢的人是小范，是小范的建议让他铆足了劲往前冲，最终他真的成功了。

 # 每个女孩都有一双自己的红舞鞋

有这样一个美丽女孩，她是一个舞者，但是在大地震中她失去了双腿，并且是高位截肢，她知道未来，她只能在轮椅上生活了。那时，她22岁，正是大好年华，在一个中学当舞蹈老师，地震来临的时候，她正在给同学们上舞蹈课，感到震感的一刹那，她没有赶紧离开，而是大喊了一声："地震了，孩子们快跑。"

如果她自己一个人先走的话，楼道不会那么拥挤，她有可能只是受伤，而不是永远失去她的双腿。但是作为一名教师，她怎么可能自己先走呢？在她心目中，学生一个都不能少。她把学生一一让出教室门口，最后一个学生出了教室，她才走。

就在她要走出去的时候，侧面倒下来的墙不偏不倚地压在她的身上，当时，她只觉得眼前一片黑暗，立即就晕过去了。

醒过来的时候，发现自己已经躺在医院的病床上，全身麻麻的，她把手放到被子上，被子突然就陷下去了，她以为自己的手

87

软，没力气，于是又掖了掖被子，手还是把被子按下去了，这时，她突然意识到了什么，大声地呼唤着医生。

医生急忙跑进病房，亲切地问她："醒了吗？"她没回答医生的问题，而是问医生："医生，你帮我看看，我的腿怎么没知觉，我觉得我的手碰不到它，老是没力气的往一边倒。"

医生听完，眼眶红润了，不知道说什么好，只得说："孩子，你要坚强，你的腿……没了。""什么没了？您说什么没了？医生，您再说一遍！"女孩激动地冲着医生怒吼道。

"孩子，你一直昏迷不醒，为了保住你的命，我们必须给你切除已坏死的双腿，不然细菌会感染全身的，到时候，就来不及了。"

女孩早已哭成个泪人，她无法接受这样的事实，因为她的生命就是为舞蹈而绽放的，没有了双腿，她的人生要怎么继续？

出院后，女孩受到了市里和学校领导的表扬，他们说，要不是她，不知道多少孩子会受伤，她是一个称职的好老师。并且回家后，班里的学生纷纷跑到家里来看她，每天都会有学生来，他们给她讲学校里的新鲜事儿，给她唱歌，给她跳舞，他们希望他们的老师能走出阴影，一天天快乐起来。

日复一日，孩子们的真心打动了这个美丽的老师，她不再消沉，她决定重新站起来，有可能的话，她会重新回到舞台上。

她去医院装了义肢，开始练习走路，刚开始很辛苦，因为把全身的力量都放在那副义肢上会很疼。

但是她忍住疼痛，一点一点地练习走路，功夫不负有心人，终于，她可以依靠那副义肢前行了，自己有了部分的自理能力。

她知道自己的下一步计划是重返舞台，于是，她回到了舞蹈室，开始每天的辛苦练习。每天练习的她，不知道要摔多少跤，要流多少汗，但她咬紧牙关坚持，她知道，自己的这个梦想，除了自己，谁也帮不了她。

两年多后，她真的重新站立起来了，她除了能用义肢行走，还能用义肢跳舞，并且她也能拿掉义肢坐在轮椅上跳舞，她变成了真正的舞蹈精灵。

偶然的一个机会，一个栏目在播残疾人的舞蹈比赛，她跟她的父母说她想试试，父母看到了她这两年来的努力，并且为了帮助她找回信心，父母决定支持她参加这次比赛。

在比赛中，她连连胜出，并顺利进入了决赛。

比赛中的她舞姿是那么优美，完全不像只有假腿的舞者，义肢仿佛已和她融为一体。尤其是在决赛的时候，她穿着白色的裙子，端坐在轮椅上，就像端坐在莲蓬上一样，旁边的男舞者牵着她的手和轮椅一起飞舞，真是美极了。

台下的观众一阵接一阵的鼓掌，他们的舞蹈在掌声中结束了，这两年多的努力没有白费，她摘得了桂冠。

昆山先生说："我能做常人不敢做的事，是因为我从来都不找借口；坚强的人是因为不找借口而坚强；懦弱的人是因为找到懦弱理由的借口而懦弱；贫穷的人是因为找到了贫穷理由的借口而贫穷；乞讨的人是因为找到了乞讨理由的借口而乞讨；懒惰的人是因为找到了懒惰理由的借口而懒惰。所以，我能过的比世界上很多正常人还好的生活，因为我决定要自己站起来，我决定自己要成功，我克服一切困难，因此，我做到了！今天对我来说是成功的！"

 # 你就是天使，不可替代

　　很久以前，有一个国王，他有五个漂亮的女儿，大女儿天生聪颖，二女儿不拘小节，三女儿小心细致，四女儿伶牙俐齿，小女儿温柔善良。有女万事足，国王对五个女儿都疼爱有加，尤其对大女儿，国王更是喜欢得不得了。

　　因为国王认为，五个女儿中，大女儿是最像他的，拥有治国才能，将来一定能找到一个大国的王子成婚，帮助父亲完成强国的梦想。而小女儿由于太善良，整天只知道与宠物为伴，国王并不对她抱有太大希望，国王想："她若能找个人结婚，有人疼爱，我也就心满意足了。"

　　其实，国王不知道，随着五个公主慢慢长大，她们的变化是很大的，她们并不像小时候那样还彼此喜欢对方，依赖对方，而是开始了互相的攀比与猜忌。

　　首先就是大公主和二公主，大公主觉得二公主没有她那么聪

明，二公主又觉得大公主没她那么慷慨；其次就是三公主和四公主，三公主觉得自己越长越像自己已过世的母后，细致耐心，这是多么美好的品质啊！四公主觉得三公主太过矫情，还是自己好，个性鲜明，伶牙俐齿。只有五公主最不爱和她们攀比，她知道自己没有她们那么优秀，自己只喜欢小动物，既不幻想遇上王子，也不幻想自己能成为她们中最漂亮的。

国王有一次外出回来，给每个公主都带了一对耳环，国王实在不知道选什么颜色好，于是就给五个公主买了一模一样的，这样，既节省了挑选的时间，又避免了她们闹矛盾。

回来后，他把礼物送给了公主们，公主们喜欢得不得了。虽然耳环是一样的，但谁都觉得自己戴起来是最漂亮的，别人只能做自己的陪衬。

只有小女儿静静地在跟小松鼠玩，国王问她："我的小宝贝，你怎么不试试我给你买的耳环呢？"小公主说："父王，我很喜欢，我看姐姐们戴就知道这耳环很漂亮，我以后再戴。小松鼠饿了，我先去给它喂食了。"

小公主就是这样，对这些事情从来不关心，她只关心小动物。当然这也导致了姐妹们对她有意见，觉得她这个人呆头呆脑，没什么出息。

一天，国王要宴请一位邻国的王子，这位王子高大威猛，气宇非凡，正是国王理想女婿的人选。国王想，无论他看上了自己哪一个女儿，他都会同意他们的婚事。并且国王相信，他一定能看上自己前四个女儿中的任意一个，小五可能会不太惹人爱，因为平时她并不怎么讨姐妹们喜欢。

于是五个公主开始打扮自己，都希望自己是晚宴的主角，能赢得王子的心。

正在打扮的时候，大公主忽然发现自己放在桌上的耳环不见了，她怀疑自己的耳环被二公主藏起来了，大公主想："她肯定是因为不希望我抢她的风头，才把我的耳环藏起来的。"于是她走进二公主的房间，拿走了二公主的耳环。接着，二公主很快发现自己的耳环不见了，她怀疑耳环是被三公主拿走的，因为早上三公主来过她的房间。于是，她到三公主的卧室拿走了三公主的耳环。

接着，三公主发现自己的耳环不见了，她把怀疑的目光对准了四公主，因为四公主老是跟她斗嘴，这次，四公主一定是故意整她。于是，她走到四公主的房间，拿走了四公主的耳环。四公主发现耳环不见后，因为斗不过三个姐姐，她只能欺负小五，于是她拿走了妹妹的耳环。

最后，小公主成了没有耳环的可怜人。但她还是没戴耳环就去参加了晚宴。

晚宴开始了，王子坐在五个公主的对面，公主们对王子一见倾心，连小公主都后悔没有好好打扮自己。王子观察了一下，只有坐在最末的公主是没戴耳环的。

于是，王子确定，他手上这对耳环是小公主的，因为四个姐姐戴的耳环和他在树林里捡到的那对一模一样。

王子觉得这是一种缘分，就跟国王说他喜欢小公主，希望国王能把小公主嫁给他。还把他捡到耳环的事跟国王说了一遍，国王觉得这真是上天注定的缘分，欣然同意了。

于是，王子为小公主戴上了耳环，小公主找到了自己的幸福。四个姐姐看得目瞪口呆。后来才知道，原来大公主的耳环是被小松鼠叼走了，并把它扔在了树林里，恰巧王子路过捡到了。

 # 天才不是天生的

汤姆是一家跨国公司的董事长，工作这么多年来，取得了不少成绩，并且现在的生意做得风声水起。其实，汤姆并不是一开始就这么顺利，他也是从一个打工者开始做起的，只是他不满足于现状，对自己严格要求，才最终坐在了今天这个位置上。

汤姆大学毕业的时候才 22 岁，他进入了一个小公司工作，每天的工作就是销售，策划要怎么把自己的产品卖出去。

经过努力，汤姆确实卖出了他们的产品，并为公司赢得了一笔不小的利润，正当公司准备重用他的时候，他提出了辞职。原因是这个公司已经装不下他的梦想了，虽然公司的发展势头很好，但他不想把自己困死在这样一个小公司里，他想，有更大的天空等着他施展他的抱负。

于是，他走了，加入了另一个公司。

这个公司比之前那个稍大一些，汤姆一进去就是销售总监，

汤姆带领他的团队制作出最完美的销售方案，并让迟迟没有卖动的楼盘很快销售一空。

别人问他为什么能这么快卖完这些房子，汤姆说："因为厚道，我们采取的是薄利多销的方式，既让市民享受实惠，我们也获得了利润，这就是我们的销售理念。"人们听后，不禁连连赞叹，做生意，确实需要这样的胸怀。

不久，汤姆把下一季的销售方案提前交给了公司老板，然后准备再一次离开，他认为，人只有不断挑战自己，才能达到最理想的状态。于是，他离开了公司。

汤姆很快就在一家跨国公司找到了自己的位置，这次他的工作也是销售，因为他对这一领域确实太熟悉了，并且有丰富的工作经验，所以，在找工作的时候，他就选定自己要找的类型，他想，一定要把自己的长处发挥到完美的境界。

无疑，销售是最适合他的工作。被聘用之后，他很快进入了工作状态，从一个销售助理，很快变成了销售总监。虽然在前一个公司也是销售总监，但这次做这个公司的销售总监不一样，薪水起码比之前高十倍。并且，在这样的跨国公司，汤姆能学到的东西实在比之前的公司要多得多。

工作十年后，汤姆已成为销售界的奇才，在销售界没有人不知道汤姆的名字，他的名字成了销售的符号，只要提到销售，必然要提到汤姆。

此时的汤姆已经接近四十岁，是个应该稳定下来的年纪了，但汤姆依然选择了离开，自己创业，在别人看来，他简直是疯了，因为他现在的薪金及地位是任何人都羡慕的，没有任何风险，生活安逸而幸福。

但是汤姆并不这么看，他觉得人的一生，不应该停留在自己已熟悉的事情上，而应该不断取得新的进步，没有挑战的人生，是没有意义的。

于是，他选择了再一次请辞，他成了世界上第一个"辞职皇帝"。

之所以被封为"辞职皇帝"是因为他这个人厚道，他不会在公司有难的时候离开公司，他的离开都是他个人的原因，为了个人理想的实现。公司如果有困难，他是不会走的，他是个厚道的商人。

于是，他着手开办了自己的公司，创业是艰难的，但是汤姆相信凭借自己的能力，他也能开办自己的大公司，"为什么不试试，为什么要为别人打工一辈子？"汤姆不断问自己一些这样的问题。

终于，上帝没有辜负他的期望，在度过了二十多年的起起伏伏后，公司终于走入了正轨，并且呈现出一片欣欣向荣的态势。

年逾六十的汤姆终于坐上了董事长的位置，成为别人的老板。别人问及他为什么会那么成功时，他说道："我的成功确实可以为很多年轻人提供借鉴，我在做的时候也是这么想的，年轻人只要有梦想，就不能轻言放弃。

如果目前的公司已经装不下你的梦想，你就应该考虑离开。没有谁生来就只能做打工者，为别人卖力。

只要你肯付出努力，敢于想象，融入你的智慧，没有做不到的事情。天才不是天生的，更多的是取决于后天的闯劲。"

成就一番伟业的唯一途径就是从事自己热爱的事业。如果你

还没能找到让自己热爱的事业，继续寻找，不要放弃。跟随自己的心，总有一天你会找到的。我把这段话浓缩为："做我所爱"。去寻找一个能给你的生命带来意义、价值和让你感觉充实的事业。拥有使命感和目标感才能给生命带来意义、价值和充实。这不仅对你的健康和寿命有益处，而且即使在你处于困境的时候你也会感觉良好。在每周一的早上，你能不能利索地爬起来并且对工作日充满期待？如果不能，那么你得重新去寻找。你会感觉得到你是不是真的找到了——乔布斯。

 # 有些事情并不难做到

今年已经 75 岁高龄的董大爷，每天总会准时到家门口外面那条街上帮人擦皮鞋。这一行当，他一干就是二十年。

董大爷无儿无女，家里还有老伴要照顾，所以为了谋生，不得不一直做着这个工作。别人看董大爷觉得他很可怜，但在董大爷看来，他一点都不觉得辛苦，他总说："每天既不用挨饿，又有暖暖的屋子住，还有老伴陪着，已经很幸福了。"

事实完全没有董大爷说的那么乐观，老大爷说的不用挨饿其实是喝稀粥，吃咸菜；说的有暖暖的屋子住其实是一座十多平的小房子；说的有老伴陪着其实是每天照顾生病卧床的老伴。

董大爷平时擦鞋赚的钱，一部分用于生活费，一部分拿去给老伴治病，剩下的一部分拿去捐给孤儿院。董大爷每天能赚五十多块钱，到月底的时候董大爷总能省近六百块钱捐给孤儿院。他每个月往孤儿院去一次，每次都把那些擦鞋省下的钱一张张叠平

放好，然后用线捆起来，送去给孤儿院的孩子们。

每次孩子们看到董爷爷来，都会跑到大门口去迎接他，对这些孩子，董大爷充满了疼爱之情，孩子们都特别喜欢他。孩子们并不知道这个爷爷每个月把自己的钱省下来捐助他们，他们只知道这是一个常常来看他们的爷爷。

董大爷长年累月的操劳，积累了不少的病，尤其是风湿病，一到阴雨天就发作。董大爷每次一犯病，便疼得在床上滚来滚去。

有一次，老伴看到董大爷实在是疼得不行了，便劝董大爷到医院看看医生，她跟董大爷说："这个月就别给孩子们送钱了，先治治你的病要紧。"董大爷应了一声，没说什么，就出去了。

第二天，老伴看到董大爷很早就提着擦鞋箱回来了，老伴问他："你怎么回来那么早，没去看医生吗"？董大爷说："嗯，得赶着回来给孩子们送钱，今天到月底了，孩子们还等着我去看他们呢。""那你的病怎么办？"老伴问。"不打紧，又不能要了我的命，都几十年的老病了，没事的。"

说着，理完钱拿着就出去了。

董大爷没出去多久，就开始下雨了，到孤儿院的时候，全身都湿透了，但他送完钱并没有急忙回家换衣服，而是跟孩子们待了两三个小时才回家。

晚上，董大爷的风湿病又犯了，本来阴雨天就会疼，何况今天还淋了雨，董大爷疼得躺在床上呻吟，这次仿佛比以前还要严重一些。老伴赶紧把董大爷搀扶到医院，经检查，医生问："有没有一直在吃药，自己有风湿病，年纪大了要多注意啊，怎么还能淋了雨呢？老大爷，自己的身体自己要小心呐！年纪大了折腾不起啊！"董大爷说："以后我会小心的，医生你就给我开点药行了，不用给我打针的，不是很疼了。"

其实，老伴知道，董大爷是不舍得花钱，因为他赚的钱只够分成三份，而这三份里面没有一份是为自己留的。

有人问董大爷："这样做值吗？为什么自己的日子过得这么风雨飘摇还要接济别人？你们两位老人也是需要关爱的群体啊，做慈善应该交给有钱人去做，交给明星去做，他们才有能力做好慈善。"董大爷听了不高兴了，因为董大爷并不这么认为，他觉得自己有手有脚，还能劳动，自己完全有能力活下去，并且还能给别人送去一点微薄的温暖。这有什么不好？况且，慈善并不是有钱人才能做，任何人都可以是慈善家，只要你有爱心，有一颗救别人于水火的心，你就是拥有大爱的人。

董大爷接着说："我每天为孩子们攒下一点钱来，并不困难，一个月下来，一年下来，我能为好多孩子提供最基本的饮食，我觉得这也是善举，并且一点都不难做到，只要你们想做，你们也一定可以。每天积累一点，最后你会发现你能收获很多，不论是金钱还是希望。"

在场的人都被董大爷的一番话感动了。

成就并不等同于成功

美国有一位著名的作家，他的名字叫威廉，他写了很多名篇佳作，是一个很成功的专栏作家，他的书一直都很畅销，还被翻译成多国文字，深受广大读者喜欢。他觉得这样下去，他的事业一定会越来越成功，他将成为销量最多的作家。

他因为深受读者追捧，甚至被赋予了"20 世纪最好作家"的头衔。他的成就让很多人发自内心的羡慕。

但是有一天他突然发现自己的写作遇到了瓶颈，他觉得自己再也写不出任何东西了，有一种江郎才尽的感觉，他很失望，于是他到了朋友的家里，希望朋友能安慰他。

到了朋友家，朋友问他怎么了，他说最近一直写不出什么东西，不知道为什么，总觉得现在写的文章比过去要差很多，这是什么原因呢？朋友安慰他道："你给自己太多压力了，外界的评价不要太看重，试着放轻松一点，很快，你就会恢复的。"

威廉说："也许吧，我会试着改变的。"

于是威廉离开了朋友家，他决定辞掉现在报社的工作，好好休息一段时间。但辞掉工作的威廉，并没有停下来，被功利心困扰的他，决定筹划一部"鸿篇巨制"，他想，这部作品一出来，我又会大火一把的。

转眼，时间过去了半年，在这半年里，威廉什么也没干，每天都专注于写作，功夫不负有心人，终于在第二年的春季，威廉完成了这部"鸿篇巨制"，并大获全胜。

这部书畅销海内外，再一次为威廉赢得了好名声。

但不久，不幸的事却发生了，威廉患上了抑郁症，医生跟威廉的朋友说这是长期压抑的结果，他因为长期把自己困在房间里写作，没有和外界接触，缺少交流，注意力太过集中于一件事，最终患上了这种病。

医生说："以后你们要多陪他，开导他，慢慢就会治愈的。"

出院后，朋友每天都会去看他，有一天朋友又来看他，他说："好伙伴，我们去你家吧，我不想老待在家里。"朋友说："好啊，可是我们得走着去我家，我们不坐车，行吗？"威廉说："为什么不坐车呢？从我家到你家隔着不短的距离啊？"在朋友的坚持下最终威廉还是妥协了，其实，朋友是希望他能多在外面散散步，终于有机会带他出去，一定要让他跟外界多接触。

一路上，他们路过公园，路过动物园。朋友把威廉带到公园里，看那些花朵和小草在拼命生长，一副欣欣向荣的样子。他们还到池塘边去看鱼，看假山，一切都充满了生机，朋友看到威廉露出了笑容。

　　紧接着，朋友带他到动物园看那些可爱的小动物，猴子上蹿下跳，长颈鹿伸着长长的脖子，小老虎在地上打滚。

　　朋友对威廉说："你开心吗？你看，还有什么东西能比他们更快活，他们自由自在地与大自然同在，我们为什么要那么累呢？人的一生并不是很长，如果老是陷在成不成功这个问题里面我们岂不是要累得不行，威廉，你说是不是？你看小动物们不知道追名逐利多开心。"

　　威廉明白朋友的用心良苦，微笑着点点头。

　　然后两人出了动物园，到了朋友家中。

　　慢慢的，威廉的抑郁症恢复了，从此，威廉改变了对名誉的态度，他不再把写作当作是一件为了获得名誉的事，而是把它变成了一件自己喜欢的事。他不再强迫自己去创作，他只有在有灵感的时候，才会去拿起他的笔，写下他的瞬间感悟。他体会到健康比什么都要珍贵，没有了健康，作品再好也会有遗憾的地方。

　　拥有一颗平常心之后，威廉的作品再一次受到追捧，人们欢迎他重新归来。

　　朋友很为他现在的成就而高兴，因为现在的他，不仅拥有了成就还拥有了成功。

　　他的成功之处在于能正确看待自己所拥有的及其想追求的东西。

判断力是一剂良药

有一对父子赶着驴去集市，一路上，他们一直在讨论，他们认为这个驴一定能卖个好价钱，因为它已经是个成年的大驴了。

每年家里搬运农副产品都是靠它，它已经被锻炼成了一只强壮的驴。要不是迫不得已，父子俩是不舍得卖掉这个好家伙的，妻子卧病在床，儿子提议，只有卖掉家里这唯一值钱的东西，母亲的病才可能有钱治好。

于是，父亲狠下心，一早就和儿子出了门，打算到城里把驴卖掉，去得早一点，也许能卖个好价钱。

一路上，他们跟在驴后面走，身上挂着干粮，很快时间已经过去三个小时了，火辣辣的太阳照得人睁不开眼睛，路边的小草在强烈的日光下被照得低下了头。

儿子看看驴便跟父亲商量到："父亲，我们也赶了很多的路

了，离集市不远了，不如我们歇会儿，吃点东西，再接着赶路。"父亲说："还是别等了，眼看就要到中午了，如果去晚了，卖不到好价钱。"

儿子接着说："父亲，不能太着急，这驴已经走不动了，要是继续赶路，恐怕得不偿失。"

父亲想想也对，于是就和儿子坐下来，在路边吃起了干粮，这时，驴也卧倒在草丛里。

休息完后，这对父子继续赶路，不一会儿，他们便来到了一个村庄，走完这个村庄，前面不远处就是集市，父子俩开心地向前赶着路。

这时，村里路过的两个人看到了这对父子赶着驴，便指着他们笑道："你看，这对父子多傻啊，有驴也不骑，还一个劲地在那走。"父亲想想也对，于是让儿子骑到驴背上，父亲拉着驴走；走了不远的一段距离后，他们又遇到了两个刚锄地回来的青年小伙，一个小伙指着父子俩和驴对另一个小伙说："你看，那个儿子多不孝，竟然让老子给他牵驴，他自己在驴背上享受。"

儿子听了，急忙从驴背上跳下来，硬让父亲骑上去，父亲觉得也对，于是就自己骑了上去。

又走了一段路程，这时迎面走来三个妇女，三个妇女愤愤不平地说："这个父亲真是狠心，这么热的天，也不怕把孩子累死。"于是，父亲赶紧也让儿子骑到驴背上。

很快，他们就来到了桥边，走过了这座桥，前面就是集市了，父子俩骑着驴正要上桥的时候，从桥那边走过来两个老奶奶，老奶奶看到父子俩都骑在驴背上，便说："这俩父子是怎么了，这是驴又不是马，也不怕把这小驴压死。"

父子俩想想觉得对，于是赶紧从驴背上下来。

他俩合计，干脆把驴绑起来扛上，反正快要到集市了，不能让人看出驴很疲乏。

于是，父子俩把驴的四肢捆绑起来，用一根结实的木棍把驴扛在肩上，开始过桥。走到桥中央的时候，不幸的事情发生了，驴因为被绑得不舒服，开始挣扎起来，父子俩的力气大不过驴，驴一挣扎，便一头栽到了水里，等父子俩把它打捞上来的时候，它已经淹死了。

父子俩号啕大哭，现在不仅给母亲治不了病，连这唯一值钱的驴都没了，以后可怎么过，庄稼怎么收？父子俩泣不成声，坐在河边，不知所措。

"像这样可怎么回去跟妻子交代啊，她还盼着我们用驴换了钱给她抓药呢！"父亲非常懊恼，儿子早已哭得没了样子。

父亲说："我们要是不听信别人说的，一直把驴赶到集市上不就没事了吗？我们听信了别人的话，并一直被他们的意见所左右，最后才造成了这个悲剧。"

儿子叹了口气，对父亲的话表示同意，可一切都太晚了，驴已经没了，他们只能再想别的办法，看看能不能赚到钱抓药了。

一个人的判断力体现了这个人的智慧，没有判断力，只知道随波逐流是可怕的。有的人生来谨慎，他一进入人生就先天地具备良好的判断力这种优点。这是一种天赋智慧，使他们尚未起步就等于走过了一半成功之路。但有的人并不是，所以还要加强学习。判断力代表了有主见，拥有判断力才能把握自己的人生。很

多时候，别人给的意见并不一定就是正确的，因为他们也只是从自己的角度出发，说的是很私人的观点，并不是金玉良言，我们在采纳的时候一定要慎重。

良好的心态是打开成功之门的钥匙

苏格拉底年轻的时候，跟几个朋友住在一起，他们都是单身汉，觉得合租要热闹些。他们租的房子并不大，只有七八平方米，但是他们很快乐，因为能跟好朋友住在一起。

朋友之间的友谊比房子的大小重要很多，他们都这么认为。住在一起，他们可以每天一起探讨哲学，探讨生命的意义跟生活的意义，这段时期，虽然他们物质生活贫乏，但是在精神上是富足的。他们每天都乐呵呵的，生活得很满足。

有人问他："你们这么多人挤在一个七八平方米的小房子里不觉得太拥挤了吗？"

苏格拉底摇摇头笑着说："不拥挤，我们每天不用跑出门外，就可以和同伴交流思想，这省去了多少麻烦，时间就是金钱，我们一分一秒都没有浪费在路上，这也是我们住在一起带来的好处，

这难道不是件快乐的事情吗？"提问的人被他说得无言以对。

过了一段时间，朋友因为结婚成家相继搬出了这个房子，只有苏格拉底一人生活在里面，但他仍然很快乐，又有人不理解了，就问他："你一个人不觉得孤单、冷清吗？所有人都搬了出去，只剩下你一个人？"

苏格拉底摇摇头对他说："我不是一个人，我有许多良师益友陪着我，书架上的这些书，每一本都是我的老师和朋友，我孤单的时候可以和它们对话，我困惑的时候可以向它们请教。每一本书都是一个老师，也都是一个朋友。"

这个人听后无言以对。

几年后，苏格拉底搬了家，他搬到了一座大楼里，他的房子在一楼。

大楼总共有六层，一楼的环境是最差的。住上面的人，老是往下面泼脏水，扔鞋子，还有许多耗子在院子里游荡。朋友跟他说："你现在住的房子条件太差了，这样的环境你还喜欢吗？"

苏格拉底想都没想就对朋友说："喜欢啊，我觉得住在一楼很方便，我再也不用每天爬楼梯，再也不用为搬运大件的物品而心烦。并且以后有朋友来访，他们能很快就找到我的住所，不会走错楼层，因为一楼实在很容易找到。还有就是，住在一楼，我可以在院子里种东西，我想种菜就种菜，想种花就种花，每天都可以到院子里散步，这一切难道不让人高兴吗？"

朋友不知道还能说什么。

过了一段时间，一个瘫痪的朋友的家人来跟苏格拉底商量房子的事情，他们希望苏格拉底能跟他们换一下楼层，他们家住六楼，但由于有瘫痪的病人，生活实在很不方便。

苏格拉底想都没想就把自己的一楼换给了朋友，自己则搬到了六楼。

这时候，朋友问他："这次你不高兴了吧？每天走到六楼可是很累的，并且你已经习惯了一楼的生活。"苏格拉底摇摇头说："不是的，正好相反，住在六楼让我很快乐，我是个爱书如命的人，每天都要看很多书，你知道吗？六楼的光线实在是太好了，每天推开窗户，阳光照进来，每个屋子都洒满了金色，实在让人感到很愉快！并且，自从住了六楼，我的身体明显比以前更健康了，因为每天上下楼梯，让我拥有了绝好的锻炼机会，我活得比从前更快乐。"

朋友听后不知道自己还能说什么。

有人问柏拉图："为什么你的老师苏格拉底总是那么快乐，即使他的环境并不是很好？"柏拉图回答说："决定一个人心情的，不是环境，而是心境，拥有一个好的心境，什么恶劣的环境都能战胜。"

大家终于明白了苏格拉底的处世哲学，当环境改变不了的时候，他学着去适应环境，用自己的良好心态去战胜客观条件所带来的不愉快，并且能和它们融合到一起，他用自己思想的深度战胜了环境带给他的挑战。

 ## 摆脱"拖延症"

他是一位著名的钢琴家，但是小时候的他却是一个出了名的坏小孩，由于有一个严厉的爸爸，最终他变成了享誉全球的钢琴家。

小时候的他并不喜欢钢琴，同时他也不喜欢学习，每天到学校上学，他都不会专心地听课，甚至还打扰别的同学。老师没办法，便叫来了他的父亲，告诉他："这个孩子我教不了了，每天都不认真学习，还要打扰别的同学。"

于是，父亲请求老师再给儿子一次机会，他一定会让他改正的。

父亲把他大骂了一顿。为了报复父亲和老师，他便旷课或者迟到，有时候还故意拖延时间交作业。老师觉得这个孩子实在是没救了，再这样下去，整个班级的学生都会被他拖累。

于是，老师决定让校长把他换到差班去，那样的话，成绩好

坏就没人会在意了，他想玩就让他自己玩个够。

父亲为他的拖拖拉拉操碎了心，他不知道自己的这个儿子究竟能干什么，"学习也不喜欢，钢琴也不喜欢，让他干什么事，他都是拖拖拉拉的，做作业一样，弹钢琴也一样。这样下去，这个孩子真是废了"。

父亲决定狠下心来，逼着他选择一样，父亲问他："孩子，你跟爸爸说，学习和弹钢琴你更喜欢哪一样？"他说："我什么都不喜欢，我喜欢打游戏。"

父亲感到非常气愤，于是接着说："你必须选一样，否则将来你后悔都来不及，每个人都要有一技之长，而你的一技之长在哪里？以后你怎么生活？不改掉你的坏习惯，以后你就等着后悔吧。"他还是一副不在意的表情，但他想了想，还是跟父亲说："那就学钢琴吧，反正我不想上学，每天坐在教室里没意思。"

于是，父亲再也没有让他去上学，但是他每天必须练十个小时的钢琴。

父亲给他请了一个特别严厉的钢琴老师，才学了几天，他就开始叫苦不迭。

他总是找时间偷懒，如果父亲在，老师也在，他就表现得很认真，如果只有他一个人，他就变得非常懒散，老师给他布置的曲子，他总是弹了一段就不弹了。到老师下次来问他，他一定会回答："已经弹完了。"其实，他一直在打游戏，或者看漫画书。

一段时间之后，父亲发现他并没有什么实质性的进步，便又对他进行了一番教诲，但每次都是左耳进右耳出，他完全不拿父亲的话当回事，也依然改不掉贪玩的毛病。

父亲觉得这样下去，真的不行了，便辞掉了自己的工作，天天在家里陪着他练琴。父亲想："由我亲自监督，他就不会偷懒了。"

父亲每天从早到晚陪着他练琴，起初，他乖乖地坐在那儿练琴，但慢慢地他就开始找借口了，一会儿说肚子疼，一会儿说眼睛疼，反正就是不好好练琴。

父亲刚开始还是会相信他的话，并让他适当地放松，但是时间长了，父亲对他打的小算盘越来越清楚，便开始不答应他的任何请求，让他没有任何借口拖延学琴的时间。

时间一天天地过去，转眼儿子学琴已经五年了，看到儿子的进步，父亲想："我应该带他到国外跟着大师学习，他现在的基础已经很不错了，如果得到大师的点拨，他一定会取得更大的进步的。"

于是，父亲开始筹措经费。

他知道了父亲的想法后，便对父亲说："还是不要去了，我们家里的积蓄又不多，况且这几年您又辞职在家，如果去国外学习，一定得花光我们所有的钱，也许还不够。"

但是父亲却说："既然要学，就得跟最好的老师学，只要你能学成，就是倾家荡产我也愿意。"

他被父亲的决心感动了，他想，既然父亲这么有魄力，一定不能让父亲失望，以后一定要摆脱自己懒散的坏习惯，好好学习，再也不拖沓。一旦到了国外学习，每浪费一分钟，都是在浪费爸爸的血汗钱。

到了国外后，父亲给他找了最好的老师，他每天都认真练琴，

比起在国内的时候，不知道认真了多少。

他有这么大的改变，父亲觉得很欣慰。并且在学了一段时间后，老师便对父亲说："这个孩子实在是很有天赋，他对音乐有自己的理解，每一首普通的曲子，到了他的指尖下，都会变得不一样，我很荣幸能拥有这样的学生。"

儿子被老师这样表扬，父亲听后兴奋异常。他知道，自己的儿子一定会在这个领域取得成功，只要他足够努力，改掉自己的一切恶习，什么都将是可能的。

过了不久，他的老师就邀请他一起在自己的音乐会上演奏，这次演出大获成功，而他自己也开始有名气，请柬接踵而至。

经过社会的历练，最后，他变成了著名的钢琴家。

明日复明日，明日何其多！日日待明日，万事成蹉跎。世人皆被明日累，明日无穷老将至。晨昏滚滚水东流，今古悠悠日西坠。百年明日能几何？请君听我《明日歌》。——文嘉。每天不浪费或不虚度或不空抛的那一点点时间，即使只有五六分钟，如得正用，也一样可以有很大的成就。游手好闲惯了，就是有聪明才智，也不会有所作为。女孩们，只要摆脱了"拖延症"，你一样可以做得很好。

 # 珍惜每一个得来不易的机会

他们是柬埔寨的孩子，三十年前由于国内恐怖政变，继而在接下来的时间里，这群孩子受到了严重的影响。

那场政变杀害了大量知识分子、青年干部，他们的父母在当时都还是孩子，因为战争的缘故，基本都失去了受教育的机会，父辈的现实状况影响了下一代的生存。

现在柬埔寨有百分之七十九的孩子是文盲，只有百分之零点二的孩子能接受较高的教育，全国人口中儿童就占了总数的百分之五十左右，这样一个弱小的国家加上这样一个尴尬的国情，导致了孩子的无辜受难。

这些儿童大多只有 10-15 岁，他们靠乞讨、捡垃圾、帮外国人扇扇子为生，每天只能赚几毛钱，有时甚至连几毛都赚不到。他们有的有父母，有的是孤儿，有的住在寺庙旁边的大街上，有的住在垃圾场旁边。居住条件极端恶劣，那不叫房子，连最基本

的遮风避雨都做不到，每天能吃饱饭是最大的奢侈。

这些占据柬埔寨人口一半的孩子，最大的心愿是上学读书，他们渴望通过接受教育改变命运。他们都是些有道德的孩子，他们知道偷盗可耻，所以再怎么饿，他们也不会去偷盗；他们是一群懂事的孩子，他们虽然只有十三四岁，但从他们的谈吐可以听出来那是十八九岁的人才该懂的道理。

生活逼迫他们早熟，历练了他们的社会性。他们是一群善良的孩子，他们中的部分孩子有幸进了基金会接受教育，像查蓝、李克娜、何夫年、蕾生等，他们在接受帮助的同时也想着以后长大了要帮助更多像他们一样的孩子。他们都有一副好心肠，有满满的爱心，这是最朴实的善良。

他们希望通过受教育以后能找到一份好的工作，然后养活自己的家人，不用再过得那么贫困。所以他们每个人都很努力地读书，他们知道能进入基金会学习是何其的幸运，每个孩子都特别用功，为的是将来不用再过得那么辛苦。

每个孩子都是天使，没有谁生下来就该尝遍人世间的苦难，每个孩子都应生而平等，不应过着最低等的生活，出生在这样一个国度是凄惨的、是无奈的却也是无法选择的。

战争导致了民众的水深火热，以和平为名义却让国家更为混乱不堪，恐怖政权的相互厮杀，让民心更受折磨。

柬埔寨的孩子的眼神充满了希望，嘴角总是挂着微笑，未来会怎样不得而知，但他们充满了期待，他们相信通过自己的努力将来一定不会像他们的父母一样贫困，他们一定能过上安稳的日

子，他们一定能穿上鞋子，吃饱肚子，过上好日子。

　　祝愿他们一切都变得更美好，祝愿他们身体健健康康，生活快快乐乐，祝愿他们拥有想要的明天，他们一定会的。

 # 高效运用我们的思维

曾经有一任美国总统，他是一个很机智的人，每次遇到困难，他都能运用自己高速运转的大脑将遇到的困难化险为夷。为此，他也赢得了国民的喜欢和尊重。

民众对于他的机智，印象最深的一次就是他参加竞选总统的时候。那天早上来了很多人，都是为了听他的演讲而来，因为他们早已听过他的大名，都知道他才华横溢。

当然，他也并不马虎，为了这次竞选，他已准备了很长的时间，差不多有半年之久。

在这半年中，他到各州去做拉票演讲，并了解选民的意愿，他决定在这次最后的竞选演讲中，把自己收集到的资料全都跟民众分享一下。

他希望做一个负责任的总统，没有调查便没有发言权，一定要掌握事实根据，才能得到民众友善的对待。

很快，他便上台了，他的演讲准备得很充分，得到很多民众的支持，人们都在下面为他大声欢呼。突然，人群中出现了一个另类的声音，那人喊道："真是垃圾、狗屎。"说话的人声音很大，作为候选人的总统其实已经听到了他的声音，并且也明白他说的是什么意思，但是总统并没有生气，他说："这位朋友的问题提得非常好，下面我将讲到环境脏乱的问题。"

总统展示了他智慧的力量，并避免了选民给他带来的尴尬。

在选举大获全胜之后，总统开始管理国家，这时候有人向他提出，要不要把那天那个捣乱的人抓起来，以绝后患。总统很诧异地看着手下，对他说："为什么要把他抓起来，他很勇敢，他敢于说出自己的不满，这多好。"

"但是，总统先生，有这样的人存在，会影响到你的威望，将来说不准他又会给你制造别的麻烦。"手下接着说。

总统摆了摆手，给手下讲了一个故事。他说，有一天，农夫的一个朋友到田里找农夫，他打算去跟农夫借一袋米回去下锅，因为家里实在没什么吃的了。当他走到田埂上的时候，他看到农夫正在驾着牛犁地。

突然，他看到在牛的肚子上，爬着一直很大的牛虻。他赶紧走过去，想打死那只牛虻。农夫问他："你要干什么？"朋友说："我要打死那只牛虻，不然这头牛会受伤的，难道你没有看见牛虻吗？"

农夫笑着说："我当然看见了这只牛虻，我是故意让它待在那儿的，你知道吗，正是因为有这只牛虻，牛才会不停地运动着。"朋友明白了农夫的意思，觉得自己真是鲁莽。

　　讲完了这个故事，总统笑了笑，接着说："现在你们明白为什么我不抓那个捣乱的人了吧？他正是督促我不断进步的力量啊，只有有人监督，有人把关，我才会更严格地要求自己，从而做出更好的成绩，做一个让人民满意的总统。人民的力量和意见无论什么时候都是最伟大的。"

　　总统说完，手下的人对总统佩服得五体投地。他们想："总统真是脑子转得最快的人，他的才干一定会为国家带来繁荣。"

溜走的时间就像褪色的衣服

"吃饭的时候，时间从碗里溜走；洗脚的时候，时间从水里溜走；睡觉的时候，时间从床上溜走。""时间就像海绵里的水，越挤越多。"相信大家都听过类似的话，可大家对其中的深意真的有切身的体会吗？

时间分分秒秒都在流逝，怎么把握好时间确实是一门大学问。在我认识的人中，文岚是我见过的最懂得珍惜时间的人。

文岚今年16岁，正在上高中，每天她都会把自己的时间规划得很合理，除去上课的时间，课余时间什么时间做什么，她都规划得很清楚。

因为文岚不在学校住宿，而是住在舅舅家，她的学习时间自然会比同学少一些，所以文岚给自己制订了详细的学习计划表。由于每天在路上消耗了不少时间，她要用晚上学校熄灯后同学们不能学习的时间来补上，只有这样，她才能学到更多的东西。

　　舅舅家开着杂货铺，而她住在舅舅家，周末就得帮忙看看店，不然，舅舅跟舅妈也忙不过来，好在看店期间也有空闲的时间，文岚可以利用没人的时间看书，就算偶尔来一两位客人她也能应付过来。文岚给舅舅舅妈帮了很大的忙。

　　周末有文岚看店，舅舅跟舅妈就可以去调调货，有时候还可以回家去探望外婆。舅舅怕耽误文岚的学习，也不好意思总让文岚看店。

　　文岚看出了舅舅的心思，便对舅舅说："舅舅，你不用担心看店会影响到我的学习，我就是看店也能看书，中午的时候要忙一阵，可你跟舅妈不都在吗？中午过后，人也就少了。即使你跟舅妈出去了，我也能把店看好，我还有好多时间学习呢。"

　　舅舅听完文岚的话，便对文岚说："岚岚，那你就多看书，货架空了，你不用去管，等我们回来再去把它排满。你就看着店，卖东西就行，听到没？"

　　文岚说："知道了，我知道怎么安排时间，舅舅您不用担心。"

　　升入高中以后，文岚为自己制订了一张更为详细的课程表，这时候，舅舅家也请了一个服务员，文岚不用帮舅舅看店了。

　　再说，她也没时间了，周六她自己在学校也有课。这时候的文岚，似乎比以前更努力，因为她知道，只有自己比别人学得好，才不会在高考中被人挤下去。而要怎么比别人学得好呢？唯一的办法就是花更多的时间学习。

　　文岚制订了一张时间表贴在自己的床头，还写了一句座右铭以自勉。

　　她写了这样一句话："晚上八点钟到十点钟你在做什么，决定了你这个人未来能做什么。"文岚坚信，只要自己按照时间表上的规划来复习功课，自己一定能取得理想的成绩。

早晨是最适合背诵的，所以文岚每周周日，都会早早地起来，到舅舅家附近的公园去背书。一背就是三四个小时，要到吃午饭的时候才回来。

公园里热闹非凡，有跳广场舞的大婶，有遛鸟的爷爷，还有年轻的妈妈推着婴儿散步。但这一切并没有打扰到文岚，她是一个很能静下心来干一件事的女孩子，所以周边的环境根本对她构不成任何影响。

她对着荷塘，大声背诵名篇和古诗，这些都是考试的重要内容。她也不单单只是背语文，她还背英语。她是有计划的，单周背语文，双周背英语，这个规律雷打不动。即使碰上下雨天，她也早早地起来，待在房间里背。舅舅心疼文岚，觉得这孩子太辛苦了，便对她说："岚岚，尽力就行，不用那么拼，你能考上。"

文岚笑着对舅舅说："舅舅，没事的，我是年轻人，这点劳累我吃得消。年轻人就应该在年轻的时候多努力一些，以后才不会留有遗憾。我很快乐，我并不觉得学习有多痛苦，时间长了，我已经爱上了学习。"听完文岚的话，舅舅打趣地说："真是个小书虫。"

功夫不负有心人，在高考中文岚取得了理想的成绩，考上了理想中的大学，并且她的分数在班里面是最高的。校长请她给即将升高三的同学讲一点读书心得，或者说是成功的秘诀。

文岚说："学习没有捷径，也没有秘诀，唯一的办法就是合理规划时间。只要你能比别的同学花费更多的时间，你就能比别

的同学取得更好的成绩。我不是班里面最聪明的人，但是我可能是最懂得珍惜时间的人之一，所以，我考了一个不错的分数。我希望学弟学妹们，也能把每一分每一秒都过得有价值，这样，到高考的时候，你们就会收获一个不一样的自己了。"文岚说完，所有人都为她鼓掌。

学学鲁迅的惜时如金

鲁迅先生是一个特别惜时如金的人，他十二岁的时候，在一个私塾上学，每天他都会很准时地去上课，一天他却迟到了。因为父亲病了，他要到药铺去给父亲抓药，结果到学校的时候，先生已经开始上课了，因为迟到先生对他大加责备。

但是他并没有埋怨家人或先生，而是自我反省了一番，觉得是自己不够珍惜时间才会迟到，以后自己一定要避免迟到。为了自勉，鲁迅在书桌的右下方用小刀刻了一个"早"字，告诉自己以后一定要珍惜时间。

鲁迅的学习兴趣很广泛，他涉猎的内容有民间艺术、小说、绘画等等，他的知识渊博来自于他的不断积累。

鲁迅每天都要看书，如果哪天没有看书他就会觉得浑身不自在。为了看完每天预计看的书，鲁迅特别会规划自己的时间，早上干什么，中午干什么，晚上干什么，都规划得很清楚。

读书之余，鲁迅还是会做做家务，母亲已经老了，自己要承担起照顾母亲的责任，鲁迅不得不把时间规划得更为详细。

鲁迅在与母亲同住在北京的日子里，依然保持着学生时代的学习热情。他要做的事情很多，其中的一件事情就是写稿，每次写稿他都会很认真地完成，不会敷衍了事。

很多作家的稿子并没有经过多少深思熟虑，关于作家交稿，流行着这样一种说法："有的在车上完成，有的只需要两根烟的工夫，有的只要一个小时。"

可想而知，这样的稿件并不会有多深刻的内容。而鲁迅绝对是个例外，就算写稿要花费掉他很长的看书时间，可他依然会认真对待。他觉得："既然稿件是要给别人看的，那么别人看了就会影响到别人，如果信息不对称，不属实，岂不是会给读者带来麻烦。"所以，再怎么忙，鲁迅也会仔细写自己的稿件。

他说："自己看了那么多书，一定要把自己知道的与大家分享，不然自己一个人的力量是无法拯救中国的。唤醒民众，还需要从民众的思想开始，唤醒内心的麻痹才是治疗的根本。"鲁迅在大量的时间里，用手中的笔，启发了大量中国人民。

后来，鲁迅先生跟许广平结婚了，许广平是鲁迅先生的学生，许广平就是因为喜欢鲁迅先生的惜时如金、勤奋好学才爱上他的，她认识的鲁迅先生是一个最认真的知识分子，他从来不把时间浪费在交际上或生活中。他总是把一分一秒都看得很重，就是在学校教书的时候也是一样。

鲁迅每天上课总是准时来到学校，他会把这节课要讲的内容，在头天晚上就备好，来到学校后，就开始给学生们讲课。他从来不浪费课堂上的一分一秒。

偶尔，学生会觉得他有点古板，但其实不是这样的，他只是不想把课堂上最珍贵的时间浪费在开玩笑上，课堂上的每一分钟都是学生花钱买来的，都是他们用青春换来的时间。

所以鲁迅先生特别有责任心，也正因为如此，他收获了和许广平的爱情。

鲁迅先生的一辈子都是在抓紧时间看书中度过的，就是在生病的最后时光里，他也是一个手不释卷的人，他说他唯一的乐趣就是"读书和拯救中国"。他想用他的智慧来唤醒普通大众，希望民众能觉醒，国家早日走上富强之路。

鲁迅先生珍惜时间的精神是值得我们每一个人学习的，如果我们都能像他那样珍惜时间，我们一定也会成为知识渊博的人。

让生命在青春期点燃

青春就是让人敢于假想，不计代价。

成冬青来自乡下，他是外文系的大学生，每一个在外文系上学的人，都有一个梦想，那就是去美国。

在入学的第一天，他认识了孟晓俊和王阳，比起他，这两个人可以说是英语天才，尤其是孟晓俊，他的爷爷就是留美博士，所以从小就有一个良好的环境学习英语。三人认识后，很快成为校园里有名的英语三剑客。

他们三人每天都会大声朗读英语，尤其是成冬青，他知道自己的基础没有两个朋友好，便每天晚上都到图书馆挑灯夜战，希望自己也能有些进步。

孟晓俊对成冬青帮助很多，他把自己的书借给成冬青看，并纠正成冬青的英语发音，很快成冬青便取得了很大的进步。

孟晓俊要到美国学习的通知下来了，成冬青和王阳到机场送

别孟晓俊，他们都希望孟晓俊能有一个好的前程。而他们则准备在这个城市待下去，在考了多次雅思、托福被拒签后，他们的生活难以为继。并且不幸接踵而至，由于在外面给学生补课，他们被学校开除了。

于是，成冬青想到了一个生存的办法，那就是办补习班，帮助别人学英语。说做就做，他每天都到校园或者周边贴很多小广告，希望能有学生来找他上课。

功夫不负有心人，他终于有了自己的第一批学生。

他的这个想法被实践证实为很可靠，在赚了第一笔钱后，成冬青和王阳决定把英语补习班办成一个英语培训机构。不单只是教别人写英语，更重要的是教会他们怎么运用。他们想："既然自己不能到美国，那就帮助别人到美国。"

他们在郊区找了一个废弃的工厂，正式大批量招收学生，这些学生都是为了出国而来，而成冬青和王阳也并没有让他们失望，两个老师讲课机智幽默，总是博得满堂彩。师生队伍越来越壮大，甚至成为了小有名气的培训机构。

这时，孟晓俊从美国回来了，他在美国的这几年，其实过得并不好，连经济都有点入不敷出，他得靠到餐厅洗盘子维持自己的生活。

回到中国后，他加入了成冬青和王阳的培训机构，并担任出谋划策的角色，三人合作，把公司办得有声有色。

但是就在三人合作不久后，三人开始有了矛盾，矛盾的根源就是培训机构的规模越来越大，作为策划的孟晓俊想把培训机构变成上市公司，所以他要求成冬青尝试一下。但成冬青很满足于现在的状态，并不想让公司冒险。

于是，他们之间开始争吵，最终，成冬青想到了一个办法，便是稀释股权。他增发了百分之三十的股份给老员工，这样，那些拥有百分之三十股权的人就成了他们三个大股东之外的小股东。而这样就可以稀释他们三人的权力，也就控制了孟晓俊，孟晓俊无法再逼着成冬青把培训机构做成上市公司，因为现在不只是他们三人说了算。孟晓俊无法理解成冬青的做法，他觉得这个成冬青永远干不成大事。

就这样，他们三人僵持了很长一段时间，后来由于培训机构出事，三人又走到了一起。事情是这样的，由于培训机构近年来培养了太多到美国上学的学生，所以美国那边的教育机构怀疑他们的培训机构盗用了美国的材料。

于是，三人一起赴美国讨回公道。他们三个是作为被告一方奔赴美国的，在讨论会上，成冬青的精彩发言让美国人彻底改变了对中国学生的看法，成冬青先是拿出一本涉及本案所要用到的条例递给美方，接着他对美方的人说："现在，你可以打开这本法律条例，任意问我其中的内容。"

美方的一个女士翻开条例，问了他其中一条，接着翻到另一页，又问了一条，成冬青倒背如流。美方代表们全都震惊了。

成冬青说："我在来美国的飞机上背下了这本条例的内容，这是我十八岁的时候就学会的技能，在十八岁的时候，我就能背下整本英语单词。我想让你们知道，我只是所有中国人中资质平平的其中一个，中国的学生非常擅于考试，你们无法想象，中国学生为赢得考试所付出的艰辛，你们不了解。现在的中国正在发

生着改变，而你们却一直在原地停留。"

这一番话，彻底让美国人相信，中国学生都是通过自己的努力来到美国的，并没有他们说的舞弊情况。

成冬青接着说："从今天开始，我们将正式启动公司上市，这样，华尔街投资者将看到我们，我们也将成为全球最庞大教育股的代表，到时候，你们就会尊重我们，我们之间将不再需要通过打官司来沟通。

我常常被朋友称为土鳖，土鳖你们听说过是什么吗？土鳖是一种软壳乌龟，它害怕承担任何风险。但我的朋友说得很对，有一些事情，能让人不再惧怕风险，那就是赢回尊严。"

之后，这家培训机构在华尔街上市，成为中国第一支教育产业股，市值三十亿美金。这是一个由真实故事改编而成的电影，它就是《中国合伙人》。

这个上市公司的原型就是新东方，而这三个人物的原型就是俞敏洪、徐小平和王强。三个年轻人用他们的热血创造了不悔的青春，也用他们的生命点燃了青春的激情。

他们曾说："就算岁月终将在你的额头上刻下皱纹，也别让皱纹刻在你的心里。"

自信是最美丽的名片

有一位叫珍妮的女孩，她的长相很普通，家境也很普通，穿的衣服也很普通，所以她很自卑，一直闷闷不乐。她认为她这个样子没办法跟班上的任何一位同学比，班上的女同学们长得又漂亮，家境又好，还有很多男同学喜欢跟她们做朋友。而想到自己，就像一个丑小鸭，什么都没有。

一天，班主任突然在班里宣布，最近学校要组织一个演讲比赛，希望所有的同学都能踊跃报名，积极参与。话音刚落，班里的同学展开了热烈的讨论。

这时，丽莎对珍妮说："珍妮，我记得你以前参加过演讲比赛，这次也一定要参加，我支持你。"珍妮面露难色，然后对丽莎说："我以前是参加过，但是并没有获得名次，不知道这次行不行，我不太想参加。""你一定行的，并且名次并不是最重要的，锻炼自己才最重要。"丽莎说道。最终丽莎说服了珍妮参加

这次的演讲比赛。

距离演讲比赛还有十天的时间，这十天时间里珍妮一直在准备讲稿，她让丽莎做她的观众，帮她纠正她讲得不好的地方和做得不到位的动作。她俩每天都要练习到很晚，作为珍妮最好的朋友，丽莎一句怨言也没有，她希望珍妮能把这次演讲讲好，这样，珍妮就会变得更活泼，更快乐。因为她知道珍妮一直是个很自卑的女孩子，为了让朋友变得自信，她一直都很支持她。

终于到演讲的日子了，总共有十五位同学报了名，珍妮的上场顺序排在第十一位。第一位同学演讲完后，台下响起了雷鸣般的掌声，接着第二位、第三位……第九位依次走上讲台，从台下观众的掌声可以判断出他们的演讲都很不错。尤其是第九位上台的琳达，她是珍妮的同桌，她的精彩演讲，获得了评委的一致好评。

这时，珍妮有点动摇了，她突然想放弃这次的演讲，因为刚刚琳达从她身边走过的时候，高傲地看了她一眼，那眼神仿佛在说"你凭什么跟我争？"丽莎看出了珍妮的心思，对珍妮说："比赛还没有结束，谁都不知道结果怎么样，你一定不能泄气，不能被别人的骄傲打倒，你行的。"珍妮望着丽莎点点头。很快，轮到珍妮上台了，珍妮款款走上舞台，面带微笑，跟台下的评委和观众打了招呼，然后开始自己的演讲，因为准备得很充分，珍妮倒背如流，并且感情充沛，在此期间，她的演讲不断被掌声打断，直到珍妮说完最后一句，台下的掌声经久不息。丽莎在台下大呼："珍妮，你是最棒的，你是最棒的！"

最后，出人意料的，也是理所当然的，珍妮获得了第一名的好成绩，评委给她的颁奖词是："这个女孩的演讲发自肺腑，感情真挚，虽然她本人很普通，但她很有勇气，我们需要的不正是这种品质吗？外表的美丽并不是最美的，自信才是女孩最美的名片。"

青春的季节注定是一个不平常的季节，因为左右我们的因素太多，一不小心便误入歧途，在人生的十字路口上犯错，拥有一颗自信而坚强的心，才会临渊不惊，处危不乱。女孩们，千万不要以为自己只是只丑小鸭，人生之路还很长，什么都是未知数，一定要自信满满，像公主一样，大步向前走。成功始于自信，这个道理人人皆知，但并非人人都能做到。

知识让人不再狭隘

古时候，有一个村庄，世世代代靠打猎、种地为生，他们的生活很落后，并没有钱币这个东西，所以他们的交易都是靠以物易物的方式进行。

这样的交易，难免就会出现吃亏的一方和占便宜的一方。为此，村民们都很奸诈，不愿让别人占自己的便宜。所以生活中也会时时提防着别人，甚至还时不时地到自己家菜园子里查查，看看早上数过的白菜还够不够数，如果不够了，那肯定就是被邻居家偷走了。

为这些小事，村民们经常吵架，一点都不和谐。有一天张丰打了一头羊回来，他想反正自己家也吃不完，不如拿到村口，跟村民换点别的东西回来，于是，这样想着，他来到了村口，开始吆喝卖起他的羊来。

这时，村民闻声赶来，看到这真是一只肥羊，都纷纷想拿自

己家的食物来跟张丰换。于是问张丰，羊肉怎么换？张丰说我要先看看你们都拿什么来跟我换，我才知道自己该给你们多少羊肉，不然又是我吃亏。

村民们纷纷跑回家中，拿来自己可以替换的东西。陈民拿出自己带来的五个玉米问张丰："这些个玉米可以换多少羊肉"？张丰看了看，大约估计了一下说："给你巴掌大一块吧，怎么样？够厚道吧，你那几个破玉米能顶什么事。"这时，陈民不乐意了，这五个玉米可是自己从嘴里面省出来的，自己还不舍得吃呢，今年收成又不好。他想，打猎可比种玉米容易多了。

于是提出要跟张丰换两巴掌大的羊肉的要求。这时，张丰也不乐意了，他说自己打到这只羊，可不容易，跑了一个早上的山头，现在山上没吃的，羊来得少，打到一只也算是自己的本事了。况且这个陈民老占自己的便宜，菜园子里的辣椒总被他偷，虽然没亲眼看到，但肯定是他，他家离自己的菜园子那么近。张丰想到这里，便说："反正就换一巴掌那么大一块，要不要随你，我不愁跟别人换别的。"

这时，陈民已被气得满头是汗，他想："大家都是一个村子的，他有必要这么计较吗？况且我跟他换的数，他也不吃亏啊！平时，我跟别的人也是这么交易的，为什么别人的生意做得了，而他的就做不了呢。"

于是，他跟张丰说："你这个人真狭隘，我们换东西又不是只换一次，你何必这么计较。"村民们也开始议论纷纷。

正在这时，村里走来了一位老先生，看着是个教书先生，他穿着长衫，满脸白胡子，笑呵呵地朝村民走过来。

村民们都傻傻地看着他，因为之前没见过这个人。先生先拱手拜了拜，然后介绍了自己的身份，先生说自己不是这里人，只不过云游四方，经过这里，听到一阵吵闹声就停下来听了听，总算听明白是怎么回事了，于是走过来看看。

村民们"哦"了一声。然后老先生接着说："其实你们不用这样交换食物，我有更好的方法帮助你们交换食物，保证你们公平，你们想不想知道是什么方法？想知道的话，我可以教你们这门知识，以后你们的生活会方便很多。"村民们笑呵呵地摸摸脑袋，都说自己没上过学，也没见过书是什么样子，很想跟老先生学点知识。

于是，老先生留在了这里，开始教村民计算的知识，教他们基本的单位和换算方法。村民们很快就学会了，并运用到生活中，他们还给肉类、蔬菜、粮食分别划定了交换的方法和怎么计量。

这样就减少了交易的麻烦，谁也不会再占谁的便宜。

村民之间变得其乐融融，开始像对家里的人一样对待邻居。老先生还顺便给他们讲儒家传统，讲仁、义、礼、智、信，村民们随着知识的增长，变得越来越豁达，邻里之间相处得越来越快乐，生活也一天比一天好起来。他们知道，是老先生教给他们的知识，让他们不再狭隘，让他们彼此更团结，生活更幸福。

切斯特菲尔德说过"当我们步入晚年，知识将是我们舒适而必要的隐退的去处；如果我们年轻时不去栽种知识之树，到老就没有乘凉的地方了。"而培根也曾说："除了知识和学问之外，世上没有其他任何力量能在人们的精神和心灵中，在人的思想、

145

想象、见解和信仰中建立起统治和权威。"的确，知识是青年人的最佳的荣誉，老年人最大的慰藉，穷人最宝贵的财产，富人最珍贵的装饰品。

 # 努力拥有好运气

她来自农村，从小就喜欢学习，尤其是上了初中接触英语后，她爱上了英语。所以考大学的时候她报了英语专业，后来如愿以偿，她顺利上了大学的外语系。

她每天清晨起得特别早，因为要起来背英语，在外文系这样高手如云的地方，如果你不努力很快就会被淘汰。她深知，自己一定要努力，才能和别的同学站在一条平行线上。她每天的时间除了上课就是待在图书馆，或者跑到操场上去背英语，日复一日，雷打不动。

很快，时间进入了第二年，大二的她每天的生活差不多还是以前的样子，不同的是，她拥有了三个好朋友，这三个朋友跟她是一个专业的同学，她们有一个共同点：喜欢英语，并且她们拥有一个共同的梦想，那就是成为最出色的英语翻译官。所以她们经常在一起学习，久而久之，成了好朋友。每当只有她们几个人

在一起的时候，她们就会用英语来交流，刚开始，她们说得很蹩脚，几乎不知道对方想跟自己表达什么，但慢慢地，开始有了起色，她们能听懂对方说什么了，只要语速放慢一些，她们的英语单词的发音是很准确的，能很容易听明白的。

其实，在刚开始的时候，她是不太愿意说的，因为她觉得自己没有她们说得好，怕她们笑话自己。她觉得，自己虽然喜欢英语，但也就是自己私下说着玩玩，真要在别人面前说，还是有点不敢的，怕别人嘲笑。但朋友鼓励了她，她们跟她说："英语是一门语言，是一种交流的工具，如果你不能把它说出来，不能让它为你所用，不能让它帮助你跟别人沟通，那么你学得再好，也只能帮别人翻译稿件，永远当不了出色的翻译官。"

朋友的这一番话深深地激励了她，她开始大胆地跟她们交流，就像自己以前对着墙壁背诵那样，她明白，朋友说得很对，如果不能流畅地用英语与别人交流，自己永远成不了出色的翻译官，只能一辈子跟纸打交道。

一天，她背完英语，准备回宿舍，突然看到宿舍楼下贴着一个小广告，是一个刚成立的公司在招英语翻译，针对外文系的学生。上面写着："感兴趣的外文系同学都可以来试试，这是一个兼职的工作，不会占用同学太多时间，同学既能勤工俭学，又能锻炼自己，何乐而不为呢？工作时间只在周末。"

她兴奋地跑去把这个消息告诉了三个好朋友，但三个朋友都没兴趣，她们觉得这样的工作对于她们而言太大材小用了，自己要找工作也要找那种有名气的大公司，为大人物工作，这个公司听都没听过。她解释道："是新创立的。"朋友笑笑说："你想试就去吧，我们不太感兴趣，我们要等更好的机会。"

第二天她自己去面试了，这个新成立的公司录用了她，她的工作就是翻译，翻译那些英语文件，她虽然只是周末去工作，但她干的活很多，两天时间她能干三四天的活。她觉得既然获得了工作的机会，她就应该好好表现，认真工作。每次老板交代的工作她都能按时完成，并去做公司里的其他事情。

她的努力老板看在眼里，记在心里。

有一天，下班时间到了，她刚要走，老板忽然叫住她，跟她说："明天有一个会议，我的翻译人员临时有事来不了了，你能替她跟我去吗？"她在公司一直做的是纸质翻译的工作，从来没有当过翻译人员，她不知道自己行不行，有点犹豫。老板看出了她的心思，于是对她说："你不用紧张，我们的谈话内容都很日常，没有特别难懂的专业词汇，只是一个见面会，我相信你能做好。"在老板的鼓励下，她同意了。

在见面会上她做得很好，还得到了对方公司黄总的表扬，说她是个不错的人才，并且黄总觉得，她比平时老板带的翻译人员要做得好，因为她还懂得交往礼仪。

其实，礼仪这门课是她们的选修课，她觉得自己很感兴趣，况且又是英语专业的学生，将来可能用得到，于是，当时开这门课的时候，她就选修了，没想到今天的见面会居然派上了用场，并且还得到了赞赏。她想：有些努力原来就是为了将来做准备。老板听到黄总表扬自己的翻译人员也很高兴，对她说："你确实很不错。"

几天之后，公司老板接到了黄总公司人事部打来的电话，问

老板她在不在，想让她听电话。

她不知道黄总那边打电话找自己是什么事情，有点摸不着头脑，于是她紧张地拿起电话"喂"了一声，对方跟她说道："小姑娘，是你吗？我们是英才公司人事部，黄总决定聘用你为他的翻译官，你愿意毕业以后来这儿工作吗"？话音刚落，她激动得差点没哭出来，她说："我愿意，我愿意。"她没有什么可犹豫的，因为她知道，在这个城市，进英才公司上班，是每个外语系同学的梦想。

爱因斯坦说："在天才和勤奋两者之间，我毫不迟疑地选择勤奋，她是几乎世界上一切成就的催产婆。"小女孩是运气好吗？不是的，她只是足够努力，最终机会眷顾了她。所以，在生活学习中，我们不能盲目地好高骛远，一定要脚踏实地，一步一步往前走。从积累自己开始，从最底层干起，不要抱怨，不要着急。只要努力了，就会拥有好运气。

你的点子别人没有

她是一位年过三十的阿姨，以前在供销社工作，但后来由于经济效益不好，社里面要裁员，很不幸地，她被裁了，于是她下岗了。但她并没有自暴自弃，她开始找别的工作做，但找来找去，人家都不愿意聘用她，因为她离婚了，而孩子只有三岁，像她这样的情况，根本不可能把工作干好。

最后，她决定自己卖点东西，她想，并不是要到企业或者单位上班才能养活她和孩子，自己摆摊一样可以赚到生活费。

于是，她开始在一所小学门口卖冰粥和榨汁，专门做小学生的生意，这样既可以让自己的孩子在小学旁边的托儿所上学，自己也可以没有牵绊地做生意。

她每天都准时推着自己的贩卖车到学校门口摆摊，起初生意不是很好，因为她是新开张的，况且卖的东西种类又不多，小学生有点不买账。

　　她想到，如果我给他们先试吃，尝后再买，生意会不会好一些呢？

　　于是，第二天，她在自己的小车上挂了一块牌子，上面写着"先尝后买，绝对好吃"。很快地，引来了小学生的围观，她知道，小孩子都有一颗好奇之心，所以这个办法绝对奏效。果然，那一天的冰粥和榨汁很快就被抢购一空，还有小学生下课了带同学出来买的，但是已经没有了，他们问阿姨明天什么时候来，阿姨说："你们中午来上学的时候，我会准时来的。"

　　就这样，阿姨的生意在这里整整做了三年，在这三年期间冰粥和榨汁的种类变得越来越多，赚到的钱也越来越多。而且，由于种类增多，之前的那辆贩卖车已经装不下这些好吃的了。阿姨只能换了更大的车，但买了更大的车后，阿姨发现，车子太大，她根本掌握不了它，推起来一点都不方便。

　　这时，阿姨想："是不是自己可以租个铺面卖这些东西呢？反正这三年来也攒了些钱，开个店应该是够的。"

　　想到这里，阿姨开始咨询别人怎么开店，很快地，阿姨开起了自己的第一家店，她还给店取了个名字，她想就以顾客的喜好取吧，于是店的名字取为"好又来小吃"。

　　她把选择的权利交给顾客，店的涵义就是：您要觉得好吃，您下次再来，真是朴素又简洁的好名字。

　　开了新店，阿姨就不再推着小吃到学校门口卖了，但小学生总还是那么多，每天放学了他们都要吵着让爸爸妈妈带他们去"好又来小吃"，久而久之，父母也喜欢上了这个小吃，还把它介绍给了亲戚朋友，"好又来小吃"的生意越来越好，阿姨一个人已经忙不过来了，于是她聘用了两个服务员，自己正式当起了老板，只有人多的时候，她才会帮忙。

而她自己的工作则变成了筹划，她准备把这个店做大做强。

她开始上网搜集那些连锁企业是怎么发展起来的资料，她觉得自己的店目前来看虽然是个小店，但发展前景是很好的，虽然可能成不了连锁企业，但在自己的城市开连锁店还是可行的！

于是，她收集各方资料，准备大干一场。她把自己的想法告诉家里学过经济的弟弟，弟弟很支持她的想法，告诉她："虽然有风险，但是这个想法很好，因为你有客源，并且在这个城市里，你的手艺是独一无二的，哪怕不是最好的，但是像你这样的食品秘方，别人是没有的，我支持你。"

得到弟弟的鼓励后，她开始规划自己的资金，准备在不同的街道开上两家店，自己的资金能够周转过来。

果然，新店刚开张，生意就特别红火，因为阿姨一直很有口碑。阿姨专心当起了老板，每天往返于三个店面，忙得不亦乐乎。三年后，阿姨又在别的街道开起了五家连锁店，至此，阿姨已拥有八个店面，市值上百万。

她的想法成功了。

她想，只要敢于突破自己，一切皆有可能，虽然中国有很多连锁店，但在这个城市除了一些加盟店之外，像自己这样有秘方的冷饮店其实并没有。

于是，阿姨不满足于现状，勇于开拓，用智慧也用手艺取得了成功。

你改变不了事实，但你可以改变态度；你改变不了过去，但

你可以改变现在；你不能控制他人，但你可以掌握自己；你不能预知明天，但你可以把握今天；你不可以样样顺利，但你可以事事顺心；你不能延伸生命的长度，但你可以决定生命的宽度；你不能左右天气，但你可以改变心情；你不能选择容貌，但你可以展现笑容。

是的，我比任何人都优秀

朋友们，看过一部名叫《剪刀手爱德华》的电影吗？这是一部由约翰尼·德普主演的电影，是一部哥特式的电影，里面有黑暗的城堡，黑暗的色彩，可怕的妆容，这一切构成了阴森的哥特风。

但这一切都不是重点，重点是约翰尼·德普所扮演的剪刀手爱德华。

爱德华是一个住在城堡里的科学家发明出来的人，在还没有把他制作完成以前，科学家就去世了，所以他成了没有正常手臂的人，他只有两个剪刀一样的手。

他的整体造型非常吓人，他的头发是爆炸式的，面色是惨白的，嘴唇是鲜红的，身穿一身黑色的铁皮式的衣服，两个剪刀像手一样摆来摆去，随时都会误伤别人。

科学家死后，他一个人生活在城堡里面。有一天，一个推销化妆品的销售员来到他的城堡推销化妆品。上到二楼的推销员看

到爱德华的瞬间，她惊呆了，爱德华也被她吓到了，因为他没见过人，而推销员也没见过手是剪刀的人。

彼此迟疑了几秒钟，推销员开始和他交流，并让他试用了自己推销的化妆品，推销员发现爱德华原来是个很善良的人，于是很同情他，准备把他带回自己的家一起生活。

于是，爱德华跟着推销员回家了，来到了推销员家里后，第一个晚上，推销员让他睡在自己女儿的床上，因为女儿出去旅游了，还让他穿上自己丈夫的衣服。

由于手是特殊的，爱德华穿别人的衣服都得弄坏了才能穿上去，并且在他睡到推销员女儿床上的瞬间，他的剪刀手一不小心就把床划破了，那是一个水床，爱德华弄得满脸是水，他又好奇又紧张，就那么慌慌张张地度过了他到市区的第一夜。

第二天，推销员的女儿回来了，她被爱德华的模样吓了一跳，她质问她的妈妈怎么会带了这么个怪物回来，她说她很讨厌她。她的妈妈跟她说："他很善良，你了解了他，就不会讨厌他了。"

女儿为了赶走爱德华，想了一个计谋，她约爱德华去朋友家玩，但是到了朋友家以后，他们便把爱德华反锁在里面，并诬陷爱德华盗窃，最终，爱德华被推销员保释，这件事终于得到解决，爱德华继续和他们生活在一起。

有一天，爱德华看到男主人在修理树枝，他也学着男主人的样子修剪树枝，没想到的是，他修剪的树枝居然那么漂亮，他还修剪了旁边那只大狗的毛发，那些被他那双剪刀手修剪过的东西，简直就是艺术品。被邻居看到之后，他们纷纷要求推销员让爱德华给他们的狗狗美发，有的主人甚至要理自己的头发，爱德华简直拥有一双魔术般的手，在他手下弄出的作品件件都是艺术精品。

推销员的女儿慢慢接受了他，发现他确实是一个很好的人，虽然他的外表很吓人，但是他的心灵真的很美丽。

爱德华总是对别人好，不要求回报，别人对他有误解，他也不急于辩解，所有的事都是自己默默承受。最后，推销员的女儿爱上了爱德华，爱德华想拥抱她，但是他不能，因为他的拥抱会对她造成伤害。

他只有站在远处看着她，才能确保她的安全。所以，他们并不可能真的在一起，因为爱德华的剪刀手会伤害到她。

爱德华的外表很吓人，因为他长得真的很恐怖，但是他的剪刀手并不是完全没有作用，这是上帝给他的一份礼物，也是一个技能。他的手不但能灵活地修理树枝，还能理发，给狗狗美容，他的这项技能甚至比专业的人还要做得好，因为他还加入了他的审美。

所以，他手下的每一件产品都成了艺术品，他是最优秀的剪刀手，没有哪个大师的裁剪能像他那样动人，那样美丽，那样充满艺术感。至此，我们不能说剪刀手是让人可恶的，跟人体不搭的，其实它并不是缺陷，而是成就了爱德华的优秀与特别。

人生有谁不向往富有，有谁不憧憬未来，有谁肯让理想之舟中途搁浅，又有谁情愿让爱情之花在荒丘凋谢……是的，在人生的旅途中，时而会有一些枯叶凋零，乘风远航的生活也会有桅杆折断的一瞬。生活的脚步不管是沉重，还是轻盈，我们从中不仅能品尝失败的痛苦与迷惘，同时，也享受着收获与快乐。只要我

们总结跌倒的原因，把孕育的勇气树起，告别迷惘的昨天，拥抱美好的今天，微笑面对明天，不管是从辉煌成功中走出，还是在失败中奋起，漫漫远方路，才是我们不懈的追求。

多做小事，未来才能由我决定

耶稣有一个门徒，他的名字叫彼得，有一天耶稣带着彼得外出远行，走了很长一段路之后，他们俩都很累，想坐下来休息一下，再继续赶路。

于是，二人坐在路边休息。

耶稣看看天色不早了，就和彼得继续赶路，走着走着，耶稣突然看到前面不远处有块东西，好像是块马蹄铁，他让彼得赶紧过去看看，但彼得由于太劳累，不想去看，便说："管它是什么呢，反正我们也不需要。"

耶稣听后没说什么，自己先走上前去看，果然是块马蹄铁。于是耶稣把它捡起来揣在包里。

到了城里后，耶稣看到有个打铁铺，就走上前去，把马蹄铁卖给了铁匠，并获得了一点小钱。他们继续往城里走，走到城中心后，耶稣看到有人在卖樱桃，于是耶稣用这些钱买到了十七八

颗樱桃，并把它小心翼翼地放在自己的包里。

二人继续往前赶路，很快他们就走出了城，来到一片荒野，四周寂静无人，杂草丛生，怪石嶙峋，简直就是一个死亡之地。彼得这时已经累得不行了，他背着很重的行李，身上带着的水和食物早已吃光了。

正当彼得快要累倒的时候，耶稣看到了，他拿出一颗放在包里的樱桃，悄悄地丢在路上，彼得看到后像发现了宝藏一样，连忙捡起来吃了。

于是耶稣每走一段路就扔下一颗樱桃，彼得也只好在耶稣每扔下一颗时就弯腰捡一次。一路上，彼得为了能吃到樱桃，不知道狼狈地弯下了多少次腰。

最后，耶稣看到彼得腰酸背痛的模样，知道这件事已经让他受到了教训，便哈哈大笑着对他说："如果你不肯为小事付出，你将干不了大事，并且会被更小的事所牵绊。"

彼得终于知道自己错了，如果刚开始自己就去捡起马蹄铁，后面自己也不用吃那么多的苦，去一颗一颗捡起甘甜的樱桃。他向耶稣认了错，并承诺自己以后一定多做小事。

耶稣欣慰地笑笑，并原谅了他。

彼得只有改掉自己的坏习惯，才能跟耶稣学到更多的东西，也才能成就自己的未来。

看完这个故事我们知道，像彼得这样的人，如果不改变自己，是不可能有能力决定自己的未来的，因为他连小事都不愿意做，又怎么做未来的大事呢？曾国藩曾经说过一句名言："坚其志，苦其心，劳其力，则事无大小，必有所成。"

　　世上无小事，许多事看似小，实则是做成大事的基础。看似不起眼的小事，一旦你去做了，便会获益无穷。这同时也告诉我们一个道理，那就是积累的重要性，每天积累一点，时间长了，你将会收获无数的惊喜。拿破仑曾说过："想得好是聪明，计划得好更聪明，做得好是最聪明。"所以，想要做成大事，想要拥有美好的未来，想要不被别人牵着鼻子走，我们一定要学会把身边的小事做到最好。

姑娘，善良是你的财富

古代的时候，有一个丑女，她的名字叫钟无艳，其实她并不是天生就丑，只不过是因为她爱上了皇上，很奇怪的是，只要她对皇上动心，她立刻就会变得很丑陋。

她跟皇上有婚约在先，但皇上却被一只狐狸精所迷惑，宁愿娶狐狸精为妻，也不愿娶她，皇上还对她说："你实在是长得太丑了。"

这句话，深深伤害了她的心灵，被喜爱的人讨厌是件痛苦的事情。

钟无艳天生一副好武力，虽然皇上不愿意承认跟她的夫妻关系，但她还是跟皇上入了宫，因为她的武将能力既能保护皇上，又能带兵打仗。皇上只有在国家有难或者自身有生命安危的时候才会想到她，平时宠爱的都是那个狐狸变成的美女，那只狐妖还总是挑拨皇上与钟无艳的关系，让皇上对钟无艳总是只有一种讨

厌之情。

有一次，狐妖玩弄心术，把钟无艳关入了大牢，皇上非但不去看她，还听信狐狸精的谗言，说要杀了钟无艳。钟无艳一直深深爱着皇上，所以她一直默默忍受着这一切。每次还是会在皇上有难的时候，帮助皇上。

有一次，邻国起兵，准备攻打他们这个国家，皇上终日只知道沉迷于酒色，对国家大事一点都不关心。应战的武将和士兵通通出师不利，惨败而归。

皇上陷入绝境，不知道怎么办。

这时，皇上想到了钟无艳，他想，如果是钟无艳去应战，战势一定会有所好转。但碍于自己一直以来对她都不好，所以没好意思要求她去应战。

钟无艳看出了皇上的心思，她知道他们的婚约是算数的，皇帝只不过一时被狐狸精所迷惑，总有一天会看清她的真实样子的。并且国家的利益高于一切，就算不论男女感情，她也应该为国家的安全出一份力。于是，钟无艳勇敢请战，希望去收复失地。皇上命她做将领，第二天就出征。

果然，钟无艳不负众望，胜利凯旋，她不但收复了失地，还把邻国士兵打得节节败退，她高兴地回来跟皇上报喜，以为皇上这次一定会对她另眼相看，并且回心转意。

但是，她所想的这一切并没有发生，皇上知道战事已经大获全胜，自己的皇位可保住后，又恢复了往日的神态，依然对钟无艳不理不睬。伤透心的钟无艳决定离开皇上，回到自己的家乡，再也不进皇宫。

　　回到家乡的钟无艳过起了自己寨主般的日子，她再也不用像以前那样奉承皇上，只为得到他的一丝宠爱。现在的她，自由自在，每天生活得快快乐乐，再也不像在皇宫时那样，整天愁眉苦脸。

　　她觉得自己当年不应该跟着皇上进宫，那里并不属于她，只有在家乡，她才是真正的钟无艳。

　　不久，她听到皇上再次陷入危险的消息，她的善良搅得她烦躁不安，理智告诉她，这些事已经跟自己没关系了，但是自己的内心又不愿意皇上受到伤害。最终，犹豫再三，她还是披上盔甲，进宫保护了皇上。这时，皇上的狐狸爱妃已不在皇上身边，皇上此刻终于意识到谁对自己才是有情有义的。

　　于是他准备重新赢回钟无艳的心。他来到钟无艳的家，谁知，钟无艳的家门外已挤满了来相亲的人。原来钟无艳早已名声在外，很多人都是慕名而来，想娶这样一位女英雄为妻。

　　这时的皇上愈发了解到，以前的自己是多么愚钝，居然不懂得珍惜这么善良的姑娘。皇上发誓，这次，再也不能错过钟无艳，错过的话，这个善良的女孩将是他一生的遗憾。

　　在相亲大会上，钟无艳出了些题目考查这些爱慕者，最终皇上用真心感动了钟无艳，皇上终于变回了以前那个皇上，那个不被狐妖迷惑、拥有才智的皇上。

　　钟无艳的坚持与善良，最终赢得了皇上的爱，从此以后，夫妻俩把国家治理得井井有条，国富民强。

　　一个人一定要有一颗温柔善良宽容的心，也就是对人要满怀恭敬之心、慈悲之心、豁达之心。对人恭敬，就是在庄严你自己；对人慈悲，上帝也会给予你慈悲的，拥有一颗无私的爱心，你便

拥有了一切。人生的真理，只是藏在平淡无味之中，而狄德罗也说："真、善、美是些十分相近的品质。在前面的两种品质之上加以一些难得而出色的情状，真就显得美，善也显得美。"所以，女孩，你一定要善良，善良是你最珍贵的财富。

常怀一颗感恩的心

有两个朋友，他们一起去探险，不料，走出森林后，他们却进入了一个沙漠，四周荒无人烟。他们意识到自己迷路了，不知道该怎么办。

他们只好继续赶路，希望能走出沙漠。可是在走了三天三夜之后，他们发现，居然又回到了原点。而此时，包袱里面所剩的干粮和水已经不多了，要是再找不到回家的方向，他们将会困死在沙漠中。

这时，甲对乙说："我们还是先歇下来，吃点东西吧，再这样下去，我们真的会体力不支，到时候就没办法继续找了。"

乙同意了甲的建议，二人便坐下来开始吃东西。吃完东西后，二人就地休息，他们打算明天再找方向，如果没有方向，走再多的路也走不出去。

第二天一早醒来，沙漠里刮起了大风，甲对乙说："太好了，

沙漠终于起大风了，现在我们可以根据风的方向，来判断我们所在的方向，那样我们就能找到回家的路了。"乙听了甲的话也很兴奋，便开始和甲一起观察风向。

观察了一会儿之后，甲说："我们应该往北走，顺着北走，我们很快就能走出沙漠。"但乙却并不这么认为，根据他多年探险的经验，他的直觉告诉他，他们应该往南走。于是乙对甲说："不对，我们应该往南走，往南走才是出沙漠的路。"但甲坚持说自己是对的，他非常肯定。乙拗不过甲，只能同意了甲的路线，他想"也许这次真的是自己弄错了。"

于是，俩人开始往北走，走了很久之后，他们依然在沙漠里，这时，乙再一次跟甲说："我们是不是走错了？"但甲还是坚持他的想法，肯定地说："相信我，没错的。"

很快，天色便暗了下来，这时，乙忽然看到前面不远处有一个矿泉水的瓶子，他走近一看，发现是自己前两天扔在这里的，为了不走回头路，他把瓶子扔在这里作为识别的标记。而此时看到这个矿泉水瓶子，恰恰说明他们又走错路了，这根本就不是出沙漠的路。乙被激怒了，于是他走到甲的面前，狠狠地给了甲一巴掌，还说了一些生气的话。

甲为自己的愚蠢感到抱歉，所以并没有说什么，但是他走到一块沙地上，捡起一根木棍，在沙地上面写下了"今天，我的朋友给了我一巴掌"。乙看到了甲写的话，他以为甲只是发泄，并没说什么，就约着甲往回赶路了。

天色已完全黑了下来，由于甲惹怒了乙，此时的甲不敢再说休息的话，他只得跟在乙后面继续赶路。

　　他们一路上并没有说话，各走各的，甲知道乙还在生他的气，要不是他那么肯定地说要往北走，也许他们现在已经走出沙漠了，就因为他的决策错误，他们又浪费了一天时间。

　　此时的他俩已经有点体力不支了，因为整天都没有吃东西，身上的东西在昨天就全都吃完了，再不快点走出沙漠，他们可能会饿死在沙漠中。

　　二人就一直在赶路，很快，他们前面出现了一片沼泽地，但这时甲还没有追上来，乙回头看了看，想到："月亮这么圆，他应该能看到有沼泽，自己会小心的。"

　　于是，乙先绕路走了过去。走了没几步，突然，乙听到了有人陷在沼泽里的呼救声音，回头一看，正是甲，他急忙跑回到沼泽旁边，捡起一棵粗木棍递给甲，甲顺着木棍爬了上来，有惊无险。

　　甲受了惊，乙想"还是休息一下吧，明天再赶路，不然不知道还会出什么乱子。

　　于是，他约甲在沼泽旁边的空地休息。甲很感激乙的救命之恩，便在旁边的石头上刻下了："今天，乙救了我的性命"。

　　乙看到后，觉得很奇怪，就问甲："你怎么那么奇怪，为什么会喜欢记录呢？下午的事儿你把它写在沙土上，而晚上的事你把它刻在石头上。是有什么特别的意义吗？"听完乙的问话，甲说道："是啊，它们有不同的意义，下午的事是不开心的事，所以我写在沙土上，那样的话，风一吹就会把它吹走，而我也会轻易忘了这件不愉快的事，今晚的事，是有意义的事，你救了我的命，我要一辈子铭记，今晚要是没有你，我的生命可能就在此处画上休止符了。所以我要把它刻在石头上，永远记住你的救命之恩。"

父母的爱是最无私的

　　安妮出生在一个单亲家庭，爸爸在她还没出生的时候，就在一次交通意外中丧生了，是安妮的妈妈一手把安妮抚养长大，妈妈带着安妮独自生活，一直没有再嫁，可谓尝遍了人间苦难。

　　安妮还没有去幼儿园的时候，妈妈每天既要上班，又要照顾她，忙得一塌糊涂，有时候实在没办法只能让邻居帮忙，但是妈妈又不太放心，邻居的太太自己也有孩子，两个小孩子让一个妈妈照顾，安妮的妈妈始终担心着。

　　如果不是万不得已，安妮的妈妈就会带着女儿去上班。单位也知道她的情况，所以允许她这样做，就这样，安妮一天天长大。

　　安妮终于到了可以上学的年纪，妈妈把她送到了学校，从此，妈妈的负担变得轻了一些，终于可以一个人去上班了。这时候，邻居太太开始劝安妮的妈妈再婚，这样，她就不用那么累了，安妮已经开始上学，以后的花销还很大，如果不找个男人结婚，安

妮妈妈一个人撑这个家是很困难的。

但是安妮的妈妈并没有这个打算，她怕别人接受不了自己要带着女儿再婚，而且，她最怕的是再婚对象会对安妮不好，所以她不想考虑再婚的问题。安妮并不知道妈妈的这些不容易，她每天都很快乐，尤其是和小伙伴玩在一起的时候。当然，这也是妈妈最高兴看到的，只要女儿开心，她付出多少都愿意。

一晃眼，安妮已长成了大姑娘，这时候的她，开始对自己的身世有了一些了解。原来自己和同学有这么多的不一样，妈妈这么多年来一个人养育自己是多么的不容易，她发誓一定要听妈妈的话，好好学习，将来回报妈妈。

安妮一直是班里面最努力的学生，同时也是最优秀的学生，每一次的升学，都不会给妈妈带来烦恼，安妮总能很顺利的进入下一阶段的学习，包括毕业后找工作也一样，妈妈从来不用为她担心。

安妮找了一个很好的工作，薪水除了可以养活她和妈妈，还有剩余。她想："妈妈也快到退休的年龄了，是该好好享福了。"

于是，安妮决定带妈妈去滑雪，她知道妈妈年轻时可是个一级棒的滑雪选手，以前还拿过奖呢，但自从有了安妮之后就再也没有到雪山上划过雪了，她决定带妈妈重温一下年轻时的回忆，妈妈身体一直很健康，应该不会有问题的。妈妈也觉得安妮的提议很好，欣然同意，于是母女两人开始了让人兴奋的冒险之旅。她们从山脚到雪山顶一直都很顺利，母女俩还打算第二天一起看日出呢。

但是，不幸的事发生了，雪山发生了雪崩，母女两人被冲走了好远，继而被埋在了雪下面。

过了很长时间，妈妈苏醒了，她大声呼唤着女儿的名字，慢慢的，她听到了女儿微弱的声音。她告诉安妮："不要紧张，现在最重要是保持体力，要坚强，不要乱动，会有人来救我们的，这么大的事故，新闻上应该在播了。"安妮坚强的点点头。果然，很快，安妮的妈妈便听到了直升机在上空盘旋的声音。

于是，安妮的妈妈赶紧看了看身边有没有红色的东西，红色比较显眼，直升机很快就能发现她们母女。但是找遍了周围的东西，没有一样是红色的。

这时，安妮的妈妈突然想到了一个办法。她身上有登山用的小刀，她拿出小刀，割破自己的手指，开始在雪中写急救的字母"SOS"，果然，安妮的妈妈在写了一个"S"之后，救援人员发现了他们。

最终，母女两人获救。

事后，安妮才知道，为了救她，妈妈差点丢掉了生命，妈妈流了太多的血，安妮已经恢复了，妈妈还在住院。

安妮不知道怎么感谢妈妈对自己的爱，她想，自己健康幸福的生活，便是对妈妈最大的报答。

友情是永不凋零的花

有一个小女孩，她的脾气很坏，动不动就对朋友发火，时间长了，朋友都觉得有点受不了她。

于是朋友对她说："既然你跟我们做朋友，你就应该跟我们保持良好的朋友关系，我们又不是你的出气筒，再这样下去，你将会失去所有的朋友。"

小女孩听完朋友的话很不高兴，她觉得朋友一点都不理解她，她是个嘴硬心软的人，她只是当时生气才会那样，其实心里不是那么想的。

但朋友不知道她有多温柔，只知道她这个人脾气很坏。

爸爸很快便知道了她跟朋友闹僵了的事情，爸爸很了解自己的女儿，于是便开导她说："孩子，知道为什么她们会不喜欢你吗？"

"她们说我脾气不好。"女儿回答说。

"那你为什么脾气不好呢？"

"我也不知道，反正我就是控制不了自己的情绪。"女儿接着说。

"很好，乖女儿，既然你也知道自己情绪有问题，那你想试着改变吗？朋友可是失去了就永远失去了。"女儿低头不语，不一会儿便点点头，说她愿意。

第二天，爸爸从商店买回来一盒钉子，他把钉子递给女儿，并对她说："孩子，以后每次你生气或者对朋友发了火，你就在篱笆上钉一根钉子。"女儿百思不得其解，问爸爸为什么要钉钉子，爸爸对她说："很快你就知道了。"

于是，小女孩开始按照爸爸说的每生气一次或发一次火便在篱笆上钉一根钉子，三天下来，小女孩便在篱笆上钉了三十根钉子，这说明小女孩每天至少发火十次。

爸爸没说什么，继续观察着女儿的情绪变化。又过了一周，爸爸再一次来到篱笆旁边，数了数女儿钉的钉子，他惊喜的发现居然只有六十根钉子，这说明女儿现在每天只平均生气六次。

他看到了女儿的进步，于是，便把女儿叫到篱笆旁，对女儿说："孩子，你看你现在已经可以开始控制自己的情绪了，十天过去了，你每天所钉的钉子一天天在减少，这说明你取得了很大的进步。"

女儿并没有发现这个问题，于是惊喜地问爸爸："这是真的吗？"爸爸说："是的。"

爸爸接着说："孩子，从现在开始，如果你整天都没有生气或发火，你就可以从篱笆上拔掉一根钉子。"

于是小女孩照着爸爸说的做了，果然，三个月过去后，小女孩拔光了所有的钉子。现在的她已经能很好的控制自己的情绪了，遇到事情总是先冷静下来，而不是对别人发火。

她找来爸爸，跟爸爸说："爸爸，现在我已经拔光了所有的钉子，我是不是已经没有情绪病了，是不是可以让我的朋友重新喜欢我呢？"

爸爸说："当然，他们会喜欢你的，但是，你不能操之过急，你看这片篱笆墙，钉子虽然拔光了，但是上面有很多钉子眼，这些钉子眼就像你们破碎的友情所留下的伤疤。它需要一定的时间愈合。女儿，你知道爸爸的意思吗？"

女儿说："爸爸，我知道您的意思，因为这些钉子是我钉上去的，这些洞也是我造成的，就像我跟朋友的友谊，既然是我的错，我就要想办法弥补，不能指望他们很快就接受我，我要用时间向他们证明，我确实改变了。"

"乖女儿，很好，爸爸相信你能做到。"

于是，小女孩主动跟朋友搞好关系，她开始学习迁就他们，像以前他们迁就她一样，并且她还主动邀请朋友到自己家玩。她想，以前的自己实在是太任性了，从来不邀请朋友到自己家玩，而朋友邀请自己去他们家玩，自己还要拒绝，想想真是太不应该了。

她觉得以前的自己实在是很讨厌，确实不怎么招人喜欢。

而现在，什么都不同了，小女孩开始知道友谊的可贵，开始学习适应别人的生活，她想，不懂得珍惜朋友的人，都是笨蛋，朋友能带给人的快乐实在是太多了。

看到小女孩的改变后，朋友开始重新接受了她，她们又做回了好朋友。

欣赏比塑造更重要

茨维坦是一个很努力的学生，但是无论他怎么努力，成绩还是上不去，老师找到他的家长，跟他们说这个孩子可能不适合继续上学，因为他们对他的智商进行了测试，发现他的智商居然在及格线之下，老师希望茨维坦可以退学。

因为他的情况实在不乐观，这样下去，只是耽误时间，茨维坦不可能有升学的希望。

老师奉劝家长，给他找一个别的事情做，这样，也许将来不至于成为一个无用的人。

听到这个消息后，父母彻底陷入了绝望，他们给儿子制定的计划，此刻，彻底泡汤了。他们不知道儿子的未来怎么办，他们为了能让儿子将来上大学，一直在存钱，而此刻，梦想全碎了。

他们把儿子接回家中，全家人沉浸在深深地悲痛中。

这时，茨维坦突然告诉父母："爸爸，妈妈，你们不要伤心，

我的智力没有问题，即使不能再去上学，我也一定能做别的，明天开始我就到外面找事情做，我总能找到适合我的工作。"

父母知道儿子懂事，都很欣慰，脸上有了笑容。

茨维坦第二天一早就出门了，他先到一家超市应聘，超市经理看他个头挺大，应该是块搬货的好材料，便聘用了他，告诉他明天就可以来上班。他跑回家，把这个喜讯告诉了父母，父母都很开心，觉得自己的儿子始终不会一无是处，他们鼓励茨维坦，一定要好好干，争取当上经理。他们还对茨维坦说："无论别人说你怎么不行，我们都觉得你是最棒的。"

有了父母的鼓励，茨维坦信心满满。

茨维坦开始到超市去上班，一切都很顺利，由于他表现得很好，经理还给他升了职，让他当上了管理员，他的工作就是管理搬运工，而自己再也不用跟他们搬东西了。

可是，就在升职后不久，经理发现，茨维坦完全不擅于管理，手下的人都不服他，不听他的安排，经理觉得这样下去也不是办法，便找到茨维坦跟他说："茨维坦，我想你不适合再在这里干下去，我们需要擅于管理的管理者，而不是一个没有头脑的人。"

就这样，茨维坦丢失了在超市的工作。

父母听说儿子的事情后，一开始很难过，但父母很快便想明白了，并不是儿子能力差，只是没有找到适合他的工作而已。

这时，爸爸突然想到，上午的时候，有一个朋友给他打过电话，说最近他们的花圃在招人，问他有没有合适的人介绍。

爸爸想，为何不让自己的儿子去试试呢，于是，他问茨维坦："园艺的工作你喜欢吗？就是修剪花草树木？"茨维坦想都没想便说："喜欢啊，但是我不会，我可以去学吗？"爸爸说："当然可以去，不会可以学，只要你喜欢，你就一定能够做好。"

于是，第二天茨维坦便去了爸爸朋友的园林。

这位叔叔给茨维坦搬来十个盆栽，告诉他："现在你就开始学习修剪，我先不告诉你要怎么剪，你觉得怎么好看就怎么弄，可以吗？"茨维坦跟叔叔说："好。"叔叔离开后，茨维坦开始修剪，他觉得这真是一个有趣的工作，没过多长时间，他就修完了十个盆栽。

这时候，叔叔回来了，他走到茨维坦身边，他被茨维坦修剪的十个盆栽惊呆了，他大声说："这简直就是艺术品，孩子，你以前在哪学的？你爸爸跟我开了一个玩笑，他说你从来没有接触过园艺。"

"叔叔，爸爸没有骗你，在此之前，我甚至没有进过园林。叔叔，真的好吗？"茨维坦说。"太完美了，孩子，我敢说，这是上帝赋予你的智慧。"叔叔说。

叔叔把这个消息告诉了茨维坦的父母，茨维坦的父母也很吃惊，他们从来不知道儿子有这方面的天赋。

叔叔说："我要带他参加最盛大的比赛，他一定能够脱颖而出，成为最著名的园艺大师。"

果然，在参加了无数场盛大的比赛后，茨维坦迎来了他人生的高峰，他成了最著名的园艺师。

再也没有人告诉他，他的智力不行。

关爱比我们弱小的群体

瑶瑶是志愿者协会的会员，每周志愿者协会都会到养老院去看望住在养老院的老人，这些老人平均年龄在七十岁以上，年纪最大的有九十二岁。

七十多岁的在生活上还能自理，但是八十岁以上的就有点困难了。

所以，瑶瑶跟志愿者协会里面的人每周都会到养老院去，尽自己最大的能力帮助这些需要帮助的老人。

养老院给每个志愿者指定一位老人，这样便于志愿者能给老人进行一对一的服务。

当然，如果你能很快的做完分配的任务，你还可以去帮助别的老人。瑶瑶的帮扶对象是一位八十一岁的老爷爷，他不是本省人，是当年打仗的时候来到这个省的，战争结束后，这位爷爷就在这里安了家，没有再回过家乡。

这些都是老爷爷告诉瑶瑶的，老爷爷还说，省外的亲戚，三五年会来看他一次，而自己的家人现在只有一个女儿和自己相依为命，老伴已去世多年。女儿忙于工作，自己便住到了这里。但是女儿很孝顺，每周都会来这里看他。

他觉得住到养老院比一个人住家里好，家里没人陪他聊天，而在养老院里，都处都能找到陪自己聊天的人。

瑶瑶看得出，爷爷对现在的生活很满意。

瑶瑶每周来养老院的工作就是给爷爷叠叠被子，打扫一下房间卫生，然后推着爷爷到外面晒晒太阳，散散步，这对年轻人来说一点都不难，瑶瑶每周都很期待快点见到爷爷。

爷爷很喜欢瑶瑶，总是给瑶瑶讲很多他的往事，讲他怎么打仗，战争又怎么凶险，瑶瑶有时都听得入了迷。

爷爷也会问瑶瑶学习怎么样，像这样来照顾爷爷，会不会耽误瑶瑶的学习。瑶瑶跟爷爷说："一点都不会耽误，我平时多看点书就行，能来和爷爷聊天，我很开心。"爷爷说："那就好。"

志愿者里面，瑶瑶总是第一个结束自己工作的人，在把爷爷推回房间睡午觉后，瑶瑶就走到别的房间，看看有没有哪位老人还需要帮忙。每次她都能找到需要做的事，不是帮这位奶奶拿枕头，就是帮那位爷爷拿本书。

瑶瑶继续往前走，突然，瑶瑶看到一个奶奶正在擦双氧水，但是怎么也够不到自己的伤口，那个伤口在脚掌上，但是奶奶因为行动不方便只能直直的坐着，所以够不到。

瑶瑶赶紧走上前去接过双氧水，帮奶奶擦起来，并告诉奶奶："奶奶，您不要自己做这些事情，喊我们志愿者就行了，您看您多费力。"奶奶擦着眼睛，感动地说："孩子啊，奶奶知道你们都是好人，可奶奶的伤在脚上，怎么好意思让你们擦呢！"瑶瑶说："奶奶，不脏，您就得让我们干，我们就是来为你们服务的，有什么事一定要说，好吗？"奶奶乐呵呵的说："好、好、好。"边说边擦眼泪。

事后，瑶瑶才知道，原来这个奶奶是个孤寡老人，她无儿无女，已经在养老院住了十多年。

十多年来都是医生和养老院的阿姨在照顾她，她特别感激身边的每一个人，由于年轻时吃了太多的苦，所以现在只要别人给她一点温暖，她就会感动得流眼泪。

瑶瑶知道奶奶的这些情况后，她决定以后一定花更多的时间照顾这些爷爷奶奶，尊老爱幼是我国传统美德她要继续把这项美德发扬光大。

教训是一种生活启示

有一家人，家里有十个精美的罐子，这些罐子全都是祖上留下来的，可谓价值连城。

这些罐子拿到市面上去卖，能卖到高昂的价钱。这户人家的祖上曾留下祖训，不到万不得已千万不能卖掉任何一个罐子，十个罐子是一体的，如果其中一个跟另外九个分开了，将会有灾祸发生。但是真有困难的话或者是为了帮助别人，他们可以十个罐子一起卖掉。

这家人偏偏生了一个不孝的孩子，这个男孩从小就好吃懒做，尤其是在知道自己家有十个宝贝以后，他想："既然祖宗给我们留下这么一大笔财产，为什么我们还要过苦日子呢？只要把这十个宝贝卖了，我们就成为镇上最富有的人，怎么可能有什么灾祸发生"。父亲并不知道，儿子对家里的十个罐子打起了主意，所以平日里并没有对儿子有所提防。

一天，父母都去种地了。儿子吃过早饭正在晒太阳，这时，一个念头忽然涌上来，他想："为什么我不去卖掉其中的一个罐子呢，爹妈每天那么辛苦的劳作，如果我卖掉其中的一个，我们的生活将得到很大的改善，他们这些老古板，不敢卖，怕有灾祸，我还偏就不信会有这个邪。"于是，他到自家屋子的地窖里拿出了一个罐子，用布包裹起来，打算拿到集市上卖掉。

很快，他来到集市，集市上人很多，一个从他身边急急忙忙跑过的人，把他的罐子撞到了地上，罐子碎了，那人急急忙忙就跑了。

他蹲在地上大哭起来，不知道怎么办，他想莫非这罐子真的有灵气。罐子碎了，他只好往家里赶，他想："千万不能让父母知道这件事。"

回到家之后，更不幸的事情发生了，他远远的便看到家里的房子全倒了。他赶紧跑到院子里，大声呼唤爹娘的名字，好久都没有应答声，他想："这回他真的是罪孽深重了，爹娘肯定被埋在下面了，老祖宗没有惩罚他，反倒惩罚了爹娘。"正在他哭天喊地的时候，爹娘下地回来了，看到自家的房子成了这样，爹娘大惑不解。

于是，儿子把事情的来龙去脉说了一遍。父亲瘫倒在地上，大声哭骂道："真是个不孝子啊，你怎么对得起祖宗，我怎么会有你这样的儿子呀？"儿子这次真的知道错了，他说以后自己一定不再好吃懒做。

父亲看到了儿子的悔意，便也不再埋怨儿子，他对儿子说："儿啊，以后你可一定要勤勉，不能再这样好吃懒做了，以前你

觉得我们家有宝贝，可以高枕无忧，遇到困难还有宝贝帮忙，但现在我们什么都没有了，以后什么都得靠自己。连重新盖一个房子我们都得靠自己了，你一定要改啊。"

儿子听完父亲的话，连连点头。

他觉得很后悔，自己没有听从父母的劝告，私自决定去卖了老祖宗留下来的罐子，结果给家里带来了这么深重的灾难。

邻居知道这件事后，都纷纷来劝老汉说："你不要往不好的地方想，塞翁失马焉知非福，家没了，可是你儿子变好了呀！以后他一定不会再像从前那样，在这件事情中，他得到了教训，以后一定能做一个好人，这可是千金都换不来的。只要他改好了，你还怕以后的生活没有盼头？"

父亲接着说："嗯，我也想明白了，只要他能改好，就算什么都没了，我也认了。"

又有人劝解道："罐子没了也罢，再留着不知道又有什么事发生呢，还是一家人过日子好，只要娃儿不再懒惰，生活一样有盼头。"

"你说得对，我正这样想着呢。"父亲接着说，儿子则一直在旁边听，偶尔还不好意思地傻笑。

他们家开始盖新房了，镇上的人都来帮忙，都希望老汉家早点盖好新房，住进新屋。老两口辛苦了一辈子，都是老实人，谁曾想到了晚年还会遭这么一件事儿。但好在他们的儿子因为经历了这件事，彻头彻尾的改变了，居然变成了镇上最优秀的小伙子，吃苦耐劳，乐于助人。

镇上的人都说："十个罐子没了，对他们一家来说是福啊！"

教训通常能给人带来改变和进步，生活中只有不断地吸取教训，我们才能很快成长为心灵健全的人，我们才会懂得珍惜平凡的幸福和身边的人。一个人只有经历过失败的教训，他才会积累到经验，才能在以后的人生中对自己、对别人有更多的责任心，我们不要只看到教训带来的痛苦，而更应该看到痛苦背后的成长。女孩们，请多从别人身上吸取教训，而不要让别人从我们身上吸取教训。

对手的存在是为了激励我们

　　动物园最近从非洲引进了一只长颈鹿，这只长颈鹿很漂亮，毛色很好，很受小朋友的喜爱，但是过了没多久，这只长颈鹿就变得没精打采，跟它在草原上精神抖擞的样子大相径庭。

　　动物园里的管理员以为它生病了，便找来兽医来给它看病。兽医诊断之后，告诉管理员们，长颈鹿并没有生病，身上的所有器官运转良好。

　　管理员们慌了神，他们想，那到底是什么问题呢？有一天一个管理员看电视，当他调到《动物世界》节目的时候。《动物世界》正在放美洲狮和美洲虎的故事，美洲狮在草原上是很警惕的动物，因为草原上随时都有可能出现比它更强大的动物来攻击它，比如美洲虎，在有美洲虎的情况下，美洲狮就是再累也不敢懈怠，因为它们随时有可能被美洲虎吃掉。但是自从美洲虎迁徙之后，美洲狮就开始变得懒惰起来，整天没有精神，因为它们的威胁已经消失了。直到有一天美洲虎再次回来，美洲狮才开始变得警惕起来，但是它们的神经已经在长期的懈怠中变得迟缓了，再警惕也防范不了美洲虎，最终，美洲狮被消灭了大半。

看完动物世界，管理员忽然想到"长颈鹿会不会也是这个问题呢？在草原上它要防范比它强大的动物，所以得时刻保持警惕。但是自从进了动物园之后，它就变得没有力气，是不是因为它知道这里很安全，没有威胁了呢？"

于是管理员把这个猜测告诉了其他的管理员，其他的管理员都很赞同他的这个猜测，他们便一起向园长反映，希望园长可以引进一只美洲虎。刚开始园长大惑不解，觉得美洲虎是很危险的动物，不适宜引进。

但是，在听完他们的猜测后，园长欣然同意了。

三个月后，美洲虎终于到达了动物园，此时的长颈鹿已经奄奄一息了，完全没有了刚到动物园时的风采。管理员们很快把美洲虎放到关长颈鹿旁边的另一个房间，它们中间只隔了一道铁丝网。

管理员们开始观察长颈鹿的变化。长颈鹿眼都没睁，一直蹲在墙角睡觉，这时，美洲虎开始在铁丝网围成的房子里走动，走了一会儿之后，它开始对着长颈鹿咆哮，长颈鹿被吓醒了，它缓慢的站起来，它站起来都有点吃力，因为它已经有好长时间没站立了。

美洲虎看到它站起来后，咆哮得更厉害了，似乎要与它一决高下。长颈鹿被吓得靠在了铁丝网上，但美洲虎并没有罢休的意思，它开始在铁丝网上又抓又挠，一副凶神恶煞的样子。

　　长颈鹿被吓得不知道怎么办才好，它既不敢叫也不敢走近美洲虎。看到这一幕后，管理员确信，他的猜测是正确的，其他的管理员也说道："有了这只美洲虎，长颈鹿将会变得更长寿。"

　　果然，从第二天开始，长颈鹿变得精神了不少，它时时刻刻都保持高度警惕，不然美洲虎就会接近它，为了防止美洲虎接近，它时时刻刻都使自己处于备战的状态。

　　日子一天天的流逝，长颈鹿变得越来越健康，它又变回了以前小朋友所喜爱的样子。这时，动物园的管理员们也放心了，他们再也不用为长颈鹿的健康而烦恼，因为它的病被美洲虎彻底的根治了。只要有美洲虎的存在，长颈鹿就会一直这样健康下去。

　　为此，园长还特意召开了一个临时会议，园长说："经过这件事后，你们有什么感想？我们是不是也应该向这两个动物学习呢？长颈鹿因为有美洲虎的存在变得越来越健康，越来越精神。我们人是不是也是如此呢？当我们处在一个安逸的环境中，我们往往容易懈怠，最后就丧失了自己的战斗力，当对手出现的时候，我们已经完全没有抵御的能力了。所以这件事告诉我们，生活中我们需要对手，只有存在竞争，我们才会成长得更强大，对不对？"

　　管理员们大声鼓掌，他们觉得园长说得很对。